水体污染控制与治理科技重大专项"十三五"成果系列丛书
重点行业全过程水污染控制技术系统与应用

钢铁行业水污染全过程控制技术发展蓝皮书

曹宏斌　谢勇冰　赵　赫　主编

U0342516

北　京
冶　金　工　业　出　版　社
2021

内 容 提 要

　　本书共5章，主要介绍了钢铁行业发展概况、水污染特征、水污染控制现状及需求、水污染全过程控制关键技术和成套技术、未来控制技术发展展望等。

　　本书可供与钢铁行业水资源管理、水污染治理相关的研究、设计、生产及管理人员阅读参考。

图书在版编目（CIP）数据

　　钢铁行业水污染全过程控制技术发展蓝皮书/曹宏斌等主编. —北京：冶金工业出版社，2021.5

　　ISBN 978-7-5024-8813-0

　　Ⅰ.①钢… Ⅱ.①曹… Ⅲ.①钢铁工业—工业废水—水污染防治—研究报告—中国 Ⅳ.①X757.031

　　中国版本图书馆 CIP 数据核字（2021）第 072651 号

出　版　人　苏长永
地　　　址　北京市东城区嵩祝院北巷 39 号　邮编　100009　电话　（010）64027926
网　　　址　www.cnmip.com.cn　电子信箱　yjcbs@cnmip.com.cn
责任编辑　杨盈园　美术编辑　彭子赫　版式设计　禹　蕊
责任校对　王永欣　责任印制　李玉山
ISBN 978-7-5024-8813-0
冶金工业出版社出版发行；各地新华书店经销；三河市双峰印刷装订有限公司印刷
2021 年 5 月第 1 版，2021 年 5 月第 1 次印刷
787mm×1092mm　1/16；9.75 印张；231 千字；143 页
66.00 元

冶金工业出版社　投稿电话　（010）64027932　投稿信箱　tougao@cnmip.com.cn
冶金工业出版社营销中心　电话　（010）64044283　传真　（010）64027893
冶金工业出版社天猫旗舰店　yjgycbs.tmall.com
（本书如有印装质量问题，本社营销中心负责退换）

本书编委会

主　　　编：曹宏斌　谢勇冰　赵　赫

编委会委员：（按拼音排序）

前　言

钢铁工业是我国的支柱产业，为经济持续快速发展提供了重要支撑。2019 年我国粗钢产量为 9.96 亿吨、生铁产量为 8.09 亿吨、焦炭产量为 4.71 亿吨，分别占世界总产量的 53.3%、63.3%、68.6%。目前我国人均消费钢铁量和万元 GDP 耗用钢铁量均已达到世界发达国家水平。钢铁工业具有高能耗、高污染的特点，以我国主要采用的长工艺制造流程为例，生产每吨粗钢需消耗 1.55t 精矿、0.7t 标煤、0.2t 石灰石和熔剂、$4 \sim 8m^3$ 新水，同时产生 $1 \sim 3m^3$ 废水，排放 $0.05kg \ COD_{Cr}$、$10000m^3$ 废气、1.2kg 烟尘、3kg 粉尘、$4kg \ SO_2$、约 $2t \ CO_2$、$0.35 \sim 0.6t$ 冶炼废渣等废弃物。我国钢铁企业分布区域相对集中，钢铁生产造成的环境污染已成为制约经济社会可持续发展的突出问题。尽管当今科技发展日新月异，新技术、新材料和新能源不断涌现，但钢铁生产所需的矿石和燃料等资源相对丰富，钢铁制造技术成熟且生产效率高，而且废钢几乎可以全部回收利用，因此在可预见的将来，钢铁仍将会是现代生产生活所需的重要材料。

我国经历了不断深化认识环境污染危害、不断增强污染治理的实践过程，全面低成本解决工业化发展所带来的环境污染问题是大势所趋。此外，我国是一个水资源短缺国家，淡水资源仅占世界已探明淡水资源的 6%，人均占有淡水资源相当于世界人均水平的 1/4。我国钢铁工业用水仅次于火力发电、纺织印染、造纸等行业，是典型的耗水大户，如何解决高耗水、高排污的难题，是实现我国钢铁行业绿色发展面临的重要问题。

2010 年初，国家制定了"十二五"节能减排计划和企业责任考核实施方案，并将此纳入对各级政府部门的业绩考评。2010 年 6 月 21 日，工信部制定下发了《钢铁行业生产经营规范条件》，对所有钢铁企业进行审核，对不达标的企业进行限期治理或淘汰。2012 年 10 月 1 日，我国开始实施 8 项新的钢铁工业污染物排放标准，其覆盖范围和排放限值均远高于欧美发达国家的标准。2014 年 4 月 24 日，全国人大常委会通过了环境保护法的修订，解决了法规制度不规范、操作性不强、各级政府责任不落实、行政执法不到位、企业环保违法成本低的问题。通过产业调整、生产审核和强化立法，我国钢铁行业节能减排和污染控制进入全面依法治理、科技创新驱动发展的新阶段。从 2009 年至 2019 年，中国钢铁工业协会会员单位吨钢新水消耗量由 4.50m³ 下降到 2.56m³，外排废水由 2.06m³ 下降到 0.66m³，化学需氧量（COD）排放量由 0.091kg 下降到 0.012kg，氨氮排放量由 0.008kg 下降到 0.001kg。我国钢铁行业水资源利用和废水污染治理得到根本性改善，一批主要钢铁企业已达到世界领先水平。

本书是"水体污染控制与治理科技重大专项"（以下简称"水专项"）资助出版的重污染行业水污染控制技术发展系列蓝皮书之一，全书对我国及世界钢铁行业发展历程、钢铁行业水污染现状和治理需求、水污染治理技术发展水平进行了系统分析，并着重介绍了在水专项的资助下，我国科研团队在钢铁行业水污染全过程控制方面取得的创新成果。在理论研究和工程实践的过程中，逐步形成了涵盖水生命全周期和整个生产全流程的钢铁行业水污染全过程控制的理念和技术。相关技术研究和应用示范单位包括中国科学院过程工程研究所、北京科技大学、中国矿业大学（北京）、中国科学院生态环境研究中心、中冶建筑研究总院有限公司、北京赛科康仑环保科技有限公司、鞍钢集团、河钢集团邯钢公司、宝武集团、沈煤集团等。

在此基础上，本书提出了钢铁行业水污染全过程控制的技术路线图，并结合我国各地不同经济发展形势和污染防治要求，提出未来钢铁行业水污染控制的趋势和重点工作。以上技术介绍和未来的水污染治理思路，对钢铁行业之外的其他重污染工业具有重要的借鉴意义。本书的读者，包括从事钢铁行业水资源管理和水污染治理的研究设计人员、建设施工和生产操作人员、行政管理和监督评审人员。本书对更大范围内从事工业废水处理和水回用的工程技术人员、开展应用基础研究的科研人员，也有很重要的实际指导价值。

本书由曹宏斌、谢勇冰、赵赫担任主编。第 1 章由李庭刚和熊梅等人编写，第 2 章由赵赫、李庭刚和熊梅等人编写，第 3 章由曹宏斌、谢勇冰和张建良等人编写，第 4 章由谢勇冰、赵月红和李惊涛等人编写，第 5 章由曹宏斌和张笛等人编写。黄晓煜、韦漩、石艳春、郑文文、石凤琼、唐元晖以及研究生徐朝萌、王静、于广飞、孙思涵、仇家凯、任名珠、吴易秋等人投入大量时间帮助校对文稿，感谢他们的辛勤付出。

本书得到水专项"钢铁行业水污染全过程控制技术系统集成与综合应用示范"（2017ZX07402001）课题的资助，在此表示感谢。

本书在编写过程中参考了国内外文献资料，在此谨向相关文献资料的作者表示衷心的感谢！

由于编撰人员获取最新资料和信息的渠道有限，对行业内少数钢铁企业已经创新应用的节水、水处理及水回用新技术可能有遗漏。同时书中叙述或数据存在出入之处在所难免，敬请读者谅解，并希望给予批评指正。

编　者

2021 年 4 月

目　　录

1 钢铁行业发展概况与水污染特征

1.1 钢铁行业发展概况

钢铁行业是以黑色金属矿物采选和冶炼加工等生产活动为主的工业行业，产品包括生铁、粗钢、钢材、工业纯铁和铁合金等，是世界所有工业化国家的重要基础工业。钢铁生产工序主要包括采矿、选矿、烧结、球团、焦化、炼铁、炼钢、轧钢、金属制品深加工及辅料供应等步骤，也涉及非金属矿产开采、钢铁生产过程副产品的生产制备等过程，因此，炼焦、耐火材料、钢铁副产品等工业门类通常也被纳入钢铁行业范围。

钢铁行业在我国经济生产中占有重要地位，是国家的支柱性产业。从 20 世纪 90 年代末至今，中国粗钢产量一直稳居世界第一，2019 年中国粗钢产量为 9.96 亿吨，占世界总产量的 54%，生铁产量为 8.1 亿吨，占世界总产量的 64%。钢铁行业属于高耗能、高污染行业，生产过程涉及各种物理变化和化学反应，造成的大量资源消耗和环境污染对社会经济可持续发展产生了一定的负面影响。目前水资源高效利用和废水污染深度治理已成为制约钢铁企业持续发展的突出问题，开展钢铁工业水资源高效利用和水污染控制技术研究势在必行。

1.1.1 世界钢铁工业发展历程

从世界范围来看，无论过去还是现在，钢铁行业在工业生产和国家经济体系中均占有重要地位，在发展中国家和发达国家均是如此。钢铁工业发展历史悠久，世界钢铁工业历程大致可分为 6 个阶段：

（1）1620~1875 年，是近代钢铁工业的起步阶段，也是近代炼铁及炼钢技术迅速发展阶段。1875 年世界产铁总量达到 1400 万吨，产钢总量为 190 万吨。在此时期世界钢铁产业组织散乱，各种规模的钢铁厂并存，分散生产，英国钢铁产量长期占世界总产量 50% 以上，众多中小钢铁厂技术水平低，生产效率低下，处在原始的粗放式发展阶段。

（2）1875~1950 年，随着钢铁工业技术的发展，转炉、平炉、模铸钢和初轧技术逐渐成为主流炼钢技术，在西方发达国家得到广泛的工业化应用，世界钢产量平均年增长率为 4%。美国钢铁产业进行大规模整合，将 785 家中小钢铁厂合并成美国钢铁公司，达到美国钢铁行业总产量的 70%。1910 年美国钢铁产量达到 2650 多万吨，约占世界总产量的 50%，成为世界钢铁产业的霸主。

（3）1950~1972 年，平炉和铸模技术被淘汰，氧气顶吹转炉炼钢和连续铸钢技术快速发展，世界钢铁工业进入转炉炼钢阶段，世界粗钢生产平均年增长率为 4.5%。日本通过淘汰落后产能、加强技术升级和设备更新，对钢铁行业进行改组与整合，1970 年合并成立新日铁公司（NSC），其钢产量达到 3295 万吨，成为当时世界最大的钢铁公司。1973 年日本钢铁产量达到峰值 1.26 亿吨，日本替代美国成为世界第一大钢铁生产国。

（4）1973～1999 年，随着科学技术的发展，钢铁材料的替代材料不断增加，市场对钢铁需求量相对减少，加之 20 世纪 70 年代初的能源危机造成世界钢铁产量大幅下降。直至 1979 年，世界生铁和钢材产量才又有所增长，达到 5.9 亿吨和 7.47 亿吨。20 世纪 90 年代欧洲的钢铁产业进行大规模整合，诞生了许多国际大型钢铁集团，如卢森堡的 Arbed 集团、法国的 Usimor 集团等，钢铁产业规模达到顶峰。在此期间，冶金技术不断提高，超高功率交流电弧炉和直流电弧炉得到进一步发展，连铸技术被普遍采用，炉外精炼技术也被开发应用，钢铁产品品质明显提升。

（5）2000～2012 年，新兴发展中国家逐步掌握先进的钢铁冶炼技术，钢铁行业迅猛发展，产量提升较快，全球钢铁总产量平均年增幅达 6% 左右。但同时受到全球金融危机及出现大量新材料的影响，全球钢铁需求量一路下滑，钢铁市场萎缩，产能过剩导致钢铁企业纷纷走上合并改组的道路。与此同时，中国经济的高速发展带动中国的钢铁需求和产量高速增长，到 2012 年，中国粗钢产量占世界总产量的 46.3%，全球钢铁生产重心逐步向中国转移。

（6）2013 年至今，受世界经济复苏缓慢和中国经济增速放缓的影响，全球钢铁产量增长趋缓。全球所有地区的钢材新订单正在以前所未有的增速放慢，但钢铁产量并未急剧减少，由此导致的全球钢铁行业产能过剩，过度竞争使世界各大钢铁企业的利润普遍下滑，钢铁企业进入兼并重组新阶段。

1.1.2　中国钢铁工业发展历程

从 1872 年中国现代钢铁工业初创，到 1996 年粗钢产量首次超过 1 亿吨并成为世界钢铁生产大国之后，中国钢铁产量一直稳居世界第一。直至今天，中国粗钢产量已超过全球产量的一半。2009～2018 年，中国及世界其他国家粗钢产量变化如图 1-1 所示。

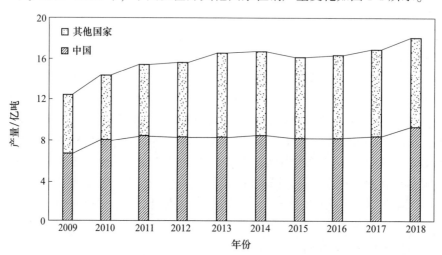

图 1-1　我国近十年粗钢产量及占世界粗钢产量的变化
（资料来源：中国钢铁工业协会）

1949 年新中国成立，我国能生产钢铁的工厂仅有 19 家，勉强能够修复生产的只有 7 座高炉、12 座平炉、22 座小容量电炉，当年的钢产量仅为 15.8 万吨。新中国成立后，政府制定了第一个五年计划，大力发展钢铁产业，到 1957 年，全国钢产量达到 535 万吨，比 1952 年增长了 3 倍，其中鞍钢钢产量达到 291.2 万吨，占全国总产量的 54.4%。改革开放之后，我国钢铁工业进入快速发展阶段，1977 年钢产量为 2374 万吨，1978 年钢产量为 3178 万吨，之后我国的钢铁行业一直保持着较快的发展速度。1996 年我国钢产量首次突破 1 亿吨，占世界钢产量的 13.5%，跃居世界第一，标志着我国成为世界钢铁大国。

2000~2005 年，我国粗钢产量不断加速。2000 年粗钢产量为 1.27 亿吨，同比增速 2.65%；2005 年粗钢产量达 3.53 亿吨，同比增幅（26.8%）达到周期高点。2006~2010 年，即"十一五"期间，我国粗钢产量从 3.53 亿吨增长至 6.3 亿吨，期间跨越了 4 亿吨、5 亿吨和 6 亿吨三个阶段，粗钢产量占世界总量的 44.94%。2006 年我国从钢材净进口国家转变为净出口国家，此后出口总量逐步增加，至 2007 年达到出口最高值 4578 万吨，占同期国内粗钢产量的 11% 左右。2013 年中国粗钢产量为 7.79 亿吨，占世界钢总产量的 48.5%；生铁产量为 7.09 亿吨，占世界生铁总产量的 61.1%。2015~2018 年，全国粗钢产量由 8.04 亿吨增加至 9.28 亿吨，钢材（含重复材）产量由 11.2 亿吨变为 11.06 亿吨，同比分别增加 15.4%、降低 1.3%，粗钢产量创历史新高。2018 年，国内粗钢表观消费量为 8.7 亿吨，同比增长 14.8%，达到历史最高水平，钢材自给率超过 98%。

在水专项实施前，经过十几年发展，我国钢铁产量和质量都有较大幅度提升，但仍未实现从钢铁大国向钢铁强国的转变，行业内依旧存在诸多影响行业转型升级和绿色可持续发展的问题。其中钢铁行业生产过程水耗较高、废水污染难处理问题突出，已经成为制约行业绿色可持续发展的瓶颈、制约行业生存能力及国际竞争力的突出问题。钢铁行业水污染控制技术创新发展，可减少水资源消耗，降低对水环境和水生态的负面影响，为保障钢铁行业绿色可持续发展提供技术保障。

1.1.3 中国钢铁行业分布及发展特点

从我国钢铁工业地域分布看，65% 以上钢铁产量集中在鞍本、攀西、冀东—北京、五台—岚县、宁芜—庐枞、鄂西和包白 7 个区域，形成了鞍山本溪钢铁、京津唐钢铁、上海钢铁、武汉钢铁、攀枝花钢铁、太原钢铁、包头钢铁、马鞍山钢铁和重庆钢铁 9 大生产基地。近几年经过优化整合，钢铁公司进一步收购重组，形成了数家规模更大的超大型钢铁集团，包括武汉钢铁和宝山钢铁联合重组的宝武集团、鞍山钢铁和攀枝花钢铁联合重组的鞍钢集团、唐山钢铁和邯郸钢铁为主联合重组的河钢集团，以及张家港为中心的沙钢集团、鞍钢鲅鱼圈钢铁基地、宝武湛江钢铁基地、柳钢防城港钢铁基地、山钢日照钢铁基地等。由于钢铁企业对铁矿石和煤炭需求量巨大，历史上许多钢铁企业都临近焦炭产地或铁矿石产地，而现代大型钢铁企业多建立于易获得煤炭和铁矿石资源的沿海港口地区。同时由于钢铁行业耗水量大，大型钢铁企业多靠近大型河流或水资源有保障的地区建厂。如长江流域的攀枝花、重庆、成都、马鞍山、南京、上海等城市均建有大型钢铁生产企业，辽河流域建有鞍山本溪钢铁基地。除了解决工业用水问题，水路交通便利也是这些企业临水而建的原因之一。另外，大规模钢铁企业或焦化企业建设生产，对当地流域水资源利用和水质也带来了不可避免的负面影响。

钢铁产业素有"工业粮食"之称，在国民经济中占有重要比重，整体呈现如下特点：

（1）钢铁行业强力支撑国家经济发展。钢铁是工业的基础，是强国的基础，为我国工业发展提供了最基础的原材料。我国钢铁行业年生产总值占全国年经济总量的 10% 左右，并且与之相关的上下游产业众多，包括采矿业、石油石化、建筑、高铁航空、汽车家电等大型基础性工业，均为大产值行业，对我国经济影响深远。

（2）钢铁行业与人民生活密切相关。与钢铁产业相关的上下游行业与人民生活密切相关，涵盖了生活的多方面。钢铁行业及其相关行业每年能提供众多就业岗位，对解决部分人口就业意义重大；相关的建筑行业为广大民众提供居住场所，改善居住条件；相关的汽车家电行业与人民出行、休闲娱乐紧密联系；生活中所用到的厨具、炊具、餐具均来自于钢铁工业。钢铁作为目前应用最广泛的材料之一，已经融入到人民生活当中，国产钢铁的质量直接影响到我国人民群众的生活质量。

（3）钢铁行业区域特征明显。钢铁行业对铁矿石、煤矿和水源等资源非常依赖，因此在建厂选址时优先选择大型铁矿区或煤炭矿区，从而形成钢铁行业工业密集型的特点。在资源富集区，众多钢铁厂及焦化厂密集建厂，导致行业空间布局不合理，环境质量影响因素叠加，影响了环境质量和生态。从全国角度看，这种分散式的分布不利于统一管理与发展，借鉴国外钢铁行业发展的经验，整合与改组是提升产业效率和行业竞争力的有效方式之一。适度提高钢铁企业集中度和区域布局优化，发展位于沿海港口的钢铁产业基地，有利于提升钢铁企业国际竞争力，并减少钢铁企业生产过程对环境质量的不良影响。

（4）钢铁行业创新不够，产能过剩，产业亟须转型升级。自 21 世纪开始，我国钢铁产量快速增长，占世界钢铁总量比例已攀升到 50% 以上，但钢铁产业技术及产能供需配比始终不完善，产业链低端，粗放式生产等带来诸多环境问题。钢铁行业产能过剩严重，产品质量和生产效率与国际先进企业仍有明显差距，且行业无序竞争，市场集中度低，都严重影响了我国钢铁产业的发展，因此钢铁行业转型升级势在必行。改革的重点在于提高产业工艺技术和装备自主创新能力，完善市场监管，调整资源分配利用，加强供给侧结构性改革，提高钢铁生产品质，推动钢铁产业转型升级，提升清洁生产水平。

1.2　钢铁行业用排水现状及水污染特征

1.2.1　钢铁行业用排水现状

1.2.1.1　钢铁行业总体用水现状

中国是一个缺水大国，人均淡水资源占有量仅为世界平均水平的 1/4。中国工业用水占全国总取水量的 20% 左右，其中钢铁工业是耗水大户，仅次于火力发电、纺织印染、造纸等行业。2000 年我国吨钢新水消耗量约为 25m³，由于近年来水循环利用率提升，吨钢耗新水也逐年降低。2018 年我国钢铁行业平均吨钢新水消耗量为 3.2m³，创历史最好水平，其中中国钢铁工业协会（以下简称"中钢协"）会员单位平均吨钢新水消耗量为 2.76m³。2019 年中钢协会员单位吨钢新水消耗量为 2.56m³，再降 6.36%，水重复利用率提高 4.03%，在用水和节水方面取得了较大成绩。由于我国钢铁企业发展水平不均衡，部分钢铁联合企业用水与水回用技术水平与国外先进企业相比仍存在一定差距，钢铁生产节水技术仍需提高。2018 年中钢协会员单位主要工序废水处理率与外排水达标率情况见表 1-1。

表 1-1 2018 年中钢协会员单位废水处理率与外排水达标率情况

生产工序	选矿	烧结	高炉	转炉	电炉	连铸	钢加工综合
废水处理率/%	100	100	100	100	100	100	99.97
外排水达标率/%	100	100	100	100	100	100	98.42
水重复利用率/%	92.66	91.34	97.62	98.69	98.81	98.52	98.41

针对钢铁行业的实际用水量，可从以下几方面开展工作以提高节水效益：（1）发展节水工艺，替换大量耗水的生产工艺，如推广焦炉干熄焦、高炉煤气干法除尘、转炉煤气干法除尘等工艺，降低行业用水需求；（2）拓宽取水渠道，对水质要求不高的工艺尽量降低用水的水质要求，可通过雨水、海水、生活污水等多渠道取水；（3）循环用水，根据工艺中不同过程对水质的实际需求分级分类供水，并将生产过程产生的废水经处理后循环用于对供水水质需求低的工艺环节，减少对企业外部来水的依赖。

近年来我国钢铁行业已经开始从粗放型发展模式向高产值、高品质方向发展，产业技术不断提高，钢铁产量增加导致钢铁行业耗新水总量也有小幅上涨。但总体而言，我国主要钢铁企业吨钢耗新水量呈逐年下降的趋势，中钢协会员单位 2012~2018 年吨钢耗新水量如图 1-2 所示。

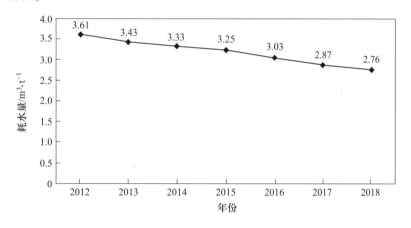

图 1-2 中钢协会员单位吨钢耗新水量

据统计，2019 年中钢协会员单位统计用水企业的对应产钢量为 53818.13 万吨（占重点企业钢产量的 72.97%）；2019 年中钢协 93 个企业对应的统计企业用水总量为 8503726.63 万立方米，与上年相比升高 3.93%（因环保用水量的提高）。2019 年中钢协会员单位吨钢取新水总量降低 0.57m³，吨钢新水消耗量为 2.56m³，比上年下降 0.17m³，水的重复用量提高 4.03%；水的重复利用率与上年持平。2019 年，我国钢铁企业普遍提升了对工业用水的科学管理水平，积极采用各项先进节水技术和装备，达到了用水和节水的历史最好水平。在钢铁产量增长的情况下，取新水总量、吨钢耗新水指标和废水中主要污染物排放量均有所下降，这可归结于生产新技术、新工艺的创新应用、水处理技术进步和企业用水节水的管理水平提高。但同时也应看到，企业类型、产品结构和所处区域水资源不同，各企业的用水和污染物排放水平存在较大差异，钢铁行业用水总量和废水排放总量依然很大，非常有必要深入开展钢铁工业节水、废水治理工作，研发节水、治水的关键技术，形成钢铁行业废水治理及回用的全过程水污染控制成套技术。

1.2.1.2　钢铁行业各环节用水特征

钢铁生产过程工艺复杂，用水要求各异，涉及的水种繁多，供水、用水、处理水的设备多样，所以钢铁企业的供排水系统非常复杂。钢铁生产各工序主要用到的水种类一般包括工业水、软化水、除盐水、中水等，用水系统又分为新水系统、净环水系统、浊环水系统。

以中钢协会员单位 2013~2016 年主要工序水消耗与新水消耗量为例，它们主要的工序用水情况见表 1-2~表 1-5。

表 1-2　2013 年中钢协会员单位用水情况

生产工序	选矿	烧结	球团	焦化	高炉	转炉	电炉	热轧	冷轧
水消耗/m³·t⁻¹	5.22	0.83		3.25	20.17	11.25	53.71	16.761	26.98
新水消耗/m³·t⁻¹	0.58	0.19		1.21	1.05	0.71	1.75	1.55	1.45
水重复利用率/%	90.35	96.82	94.19	96.19	98.59	97.49	95.08		—

表 1-3　2014 年中钢协会员单位用水情况

生产工序	选矿	烧结	球团	焦化	高炉	转炉	电炉	热轧	冷轧
水消耗/m³·t⁻¹	5.03	—	0.90	3.33	19.13	10.84	52.08	3.73	26.98
新水消耗/m³·t⁻¹	0.61	—	0.15	1.30	0.98	0.77	1.79	0.57	1.48
水重复利用率/%	90.09	96.54	95.04	96.06	98.15	96.55	97.37		—

表 1-4　2015 年中钢协会员单位用水情况

生产工序	球团	烧结	高炉	电炉	转炉	轧钢
水消耗/m³·t⁻¹	1.88	1.88	18.36	10.52	61.89	19.34
新水消耗/m³·t⁻¹	0.14		0.49	0.59	2.28	0.74
水重复利用率/%	96.20	96.62	97.19	98.28	97.69	97.40

表 1-5　2016 年中钢协会员单位用水情况

生产工序	球团	烧结	高炉	电炉	转炉	轧钢
水消耗/m³·t⁻¹	1.03	1.03	19.95	10.60	52.08	17.72
新水消耗/m³·t⁻¹	0.15		0.52	0.70	1.79	0.76
水重复利用率/%	96.08	96.08	97.85	97.99	97.39	97.81

根据中钢协会员 2014 年统计数据，在短流程钢铁企业中，电炉炼钢工序吨钢耗新水量最大，平均为 1.79m³。在传统联合钢铁企业中，冷轧（1.48m³）、焦化（1.3m³）和炼铁（0.98m³）等工艺环节耗新水量最大。钢铁企业的循环水补水是主要用水环节，约占新水水量 90% 左右。钢铁各工序用水点及用水需求如下所述。

A 焦化工序

焦化工序的用水环节主要有炼焦和焦处理过程用水、煤气净化和化工产品回收过程用水、化工产品精制过程用水等。煤焦系统的用水可分为焦炉本体用水、熄焦用水、除尘用水、设备冷却用水和地面冲洗用水等。煤气净化过程的工艺用水主要是工艺介质冷却和冷凝用水，根据被冷却介质的要求，冷却水多为净循环冷却水和低温水，常见焦化工艺用水点及水质需求见表1-6。

表1-6 焦化工序用水需求

生产系统	用水环节/设备	用水点	需求水质	用水量/m³·t⁻¹
炼焦系统	焦炉本体	上升管水封用水	浊环水	0.006~0.008
		生产技术用水	浊环水	定期间断用水
		循环氨水事故用水	消防用水	—
		焦炉炉盖封泥用水	浊环水	0.0067~0.007
	熄焦用水	湿熄焦	浊环水	0.5~0.6
	除尘用水	普通焦炉	浊环水	0.15~0.156
		捣固焦炉		0.117~2.46
	设备冷却	干熄焦	工业新水	0.021~0.027
		湿熄焦	工业新水	0.009~0.016
煤气净化与化工产品回收系统	工艺介质冷却	—	软水	0.435~0.5951

B 烧结工序

烧结工序的用水环节主要是烧结工艺用水、设备冷却用水、除尘及清洗用水。烧结生产过程中的工艺用水主要用于混合各种烧结原料，具体见表1-7。

表1-7 烧结工序用水需求情况

用水环节/设备	用水点	需求水质	用水量/m³·t⁻¹
烧结工艺用水	润湿混合料	矿浆废水	0.2046~0.337
	造球	冷却水排水	0.0051~0.0192
设备冷却用水	—	工业新水	1.094~1.556
除尘及清洗用水	—	浊环水	0.012~0.149

C 炼铁工序

炼铁工序的用水环节可分为设备冷却用水、高炉煤气净化用水和高炉炉渣处理等。炼铁工序设备冷却水可简单地分为间接冷却用水和直接冷却用水，根据不同的高炉容积得到炼铁工序的设备冷却用水量，见表1-8。

表 1-8 高炉设备冷却用水量

高炉有效容积/m³	用水量/m³·h⁻¹			
	高炉炉体	热风炉	其他	总计
620	800	130	30	960
1000	1400	180	50	1630
1500	1950	180	60	2190
2000	2800	220	80	3100
3200	5726	700	120	6546
4000	7000	900	150	8050
5000	8500	1050	180	8730

一般情况下,每吨铁产品约需要 0.4~0.6t 燃料,每吨燃料约产生 3500m³ 的高炉煤气。高炉煤气净化工艺分干式除尘和湿式除尘两种,湿式除尘高炉煤气净化系统的用水量根据工艺要求以及净化供水系统确定,水温在 60℃ 以下,具体数据见表 1-9。

表 1-9 高炉煤气净化用水量

工 艺 系 统		1000m³ 煤气用水指标/t			
		洗涤塔	冷却塔	溢流文氏管	文氏管
清洗生铁系统	塔后文氏管系统	4~4.5	—	—	0.6~1.0
	塔前文氏管系统	—	3.5~4	1.5~2.0	—
	串联文氏管系统	—	—	3.5~4(常压)	0.5~1.5
		—	—	1.2~1.8(高压)	
清洗锰铁系统	塔前文氏管系统	—	4~5	2.0	—
	串联文氏管系统	—	—	5~6	1~2

我国高炉渣的粒化方法有水冲渣法和泡渣法两种,一般情况下,冲渣法的粒化用水量为 8~12m³/t,泡渣法的粒化用水量为 1~1.5m³/t。

D 炼钢工序

炼钢生产工序的用水环节主要包括转炉冷却用水、烟气除尘净化用水、炉渣处理用水、炉外精炼用水、制氧用水及连铸用水等。在实际生产过程中,冷却用水都是循环用水,炼钢工序用水需求见表 1-10。

表 1-10 炼钢工序用水需求

用水环节/用水设备	规模/用水点	需求水质	用水量/m³·t⁻¹
转炉冷却用水	<100t	软水	0.4678~0.607
	100~200t	软水	0.2292~0.7472
	>200t	软水	0.1606~0.7366

用水环节/用水设备	规模/用水点	需求水质	用水量/$m^3 \cdot t^{-1}$
烟气除尘净化用水	OG 法	浊环水	0.0914
炉渣处理用水	—	软水	5.8
炉外精炼用水	RH-OB	软水	0.0754
	RH-KTB	软水	0.0753
	VD	软水	0.2139
制氧用水	<10000m^3/h	软水	4m^3/km^3
	15000~25000m^3/h	软水	2.5m^3/km^3
	>25000m^3/h	软水	2.0m^3/km^3
连铸用水	结晶器冷却用水	软水	0.1~0.16m^3/(h·m)
	二冷区冷却用水	浊环水	—
	间接冷却用水	软水	—
	冲氧化铁皮用水	浊环水	—

E 热轧工序

热轧生产包括钢板车间、钢管车间、型钢车间、线材车间以及特种轧机车间等。由于生产工艺不同,用水要求也不完全相同,但用水大多由间接冷却用水、直接冷却用水和工业用水等系统组成。大部分用水都可循环使用,且循环率一般高达90%以上。以年产量400万吨的热轧厂用水需求为例,具体数据见表1-11。

表 1-11 热轧工序各车间用水需求情况

车间	需求水质	用水量/$m^3 \cdot h^{-1}$
钢板车间	间接冷却水	5.055
	直接冷却水	119.88
钢管车间	间接冷却水	0.0945
	直接冷却水	1.775
	工业新水	0.393
型钢车间	直接冷却水	2.7295
	间接冷却水	12.445

F 冷轧工序

冷轧生产的用水环节包括直接冷却用水、间接冷却用水、除鳞用水、冲铁皮用水、除尘净化用水以及工艺调配用软水,其中超过90%用水量为间接冷却用水。以年产量100万吨的冷轧厂用水需求为例,数据见表1-12。

表 1-12　冷轧工序用水需求情况

车间	需求水质	用水量/m³·h⁻¹
冷轧厂	间接冷却水	3.86
	软水	0.0659
	工业新水	4.2415

1.2.1.3　典型钢铁企业用水排水特征

对某年粗钢产量为 520 万吨的典型钢铁企业进行调研,其新水、中水、软水、浊环水、净环水、脱盐水用量分别占用水量的 1.68%、2.40%、14.99%、56.95%、23.98% 和 4.88%。各工序用水、产排废水量见表 1-13。

表 1-13　某典型钢铁企业各工序用水及产排废水情况　　　　（m³/t）

工序	用水	产排废水
原料厂	0.144	0
焦化	0.34	0.259
炼铁（含烧结）	0.27	0
炼钢	1.43	0.153
热轧	1.52	0.766
冷轧	0.35	0.063

1.2.2　钢铁行业水污染物特征

钢铁行业生产工序较多,用水排水量大,其中生产末端不断排放的废水是行业污染的重要来源。以 2015 年为例,钢铁行业废水排放量约为 109912 万吨,COD 和氨氮的排放量分别为 88094t 和 5620t,分别占工业废水总量的 6.05%、3.45% 和 2.86%。2010 年钢铁行业废水中汞、镉、六价铬、铅、氰化物、石油类排放量分别达 0.299t、0.619t、4.249t、12.905t、35.8t、1798.7t,分别占到工业排放总量的 28.6%、2.05%、7.75%、9.17%、14.8% 和 17.7%。如果钢铁废水未得到高效的深度处理,将会对水体环境造成越来越严重的污染。

按照钢铁行业废水中主要污染物性质不同,可将废水分为有机废水（含有机物为主）、无机废水（含无机污染物为主,主要为悬浮物）和仅受热污染的冷却水。例如焦化厂所排放的含酚氰污水,即为典型的有机废水。有机废水处理可采用溶剂萃取法或蒸馏法将高浓度、高附加值的有机物分离出来,剩余有机物通过生物法、氧化法或膜分离方法处理,使 COD 达到排放要求。炼钢厂所排放的转炉烟气除尘污水为典型的无机废水,无机废水大多含有金属离子或者大量酸碱。对于金属离子污染物,大多采用化学法使其转化为易沉降的物质,然后通过沉降或过滤除去;酸碱度较高的污水大多先回收酸碱再中和,酸碱度较低的污水则可以直接采用中和法处理。

冷却废水在钢铁废水中占比最大,包括各环节间接冷却废水和设备、产品直接冷却废水。间接冷却废水主要受热污染,一般经冷却后可回用;直接冷却废水因为与产品物料直接接触，含有一定量的污染物。此外，高炉煤气洗涤水、高炉冲渣水、焦化含酚氰废水、转炉烟气洗涤水、不锈钢酸洗废液及冷轧厂乳化液等污染负荷较大，是钢铁企业废水治理的重点和难点。

总体上看，钢铁工业生产流程长、生产工序复杂，用水种类节点和排污节点众多且水质差异巨大。典型钢铁工业流程主要生产工序及废水排放种类如图1-3所示。

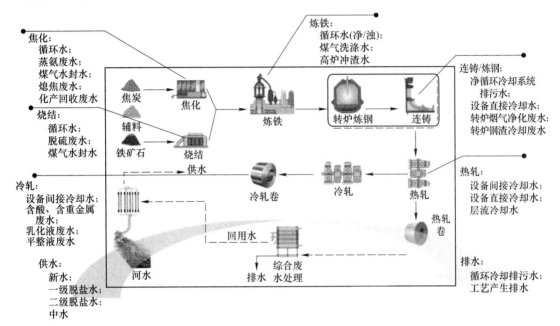

图 1-3 钢铁工业主要废水排放节点及种类

如图1-3所示，一般钢铁企业用水主要分为工业新鲜水、脱盐水和回用中水，主要排放的废水包括循环冷却水和工艺产生水等。各环节原料、生产工艺以及废水处理工艺迥异。经统计，钢铁联合企业各流程主要废水种类及特点见表1-14。

表 1-14 钢铁联合企业生产废水种类及特点

工序	废水种类	污染特点
烧结	设备冷却水	水量较大，主要为热污染
	湿式除尘排水	含有大量悬浮物，包括铁粉、焦粉、碳酸钙、镁等
	地坪冲洗水	悬浮物含量高、含大颗粒物料
	煤气管道水封阀排水	含有酚类有机物
焦化	剩余氨水	氨、酚、氰、硫化物、油类、多环芳烃等
	古马隆聚酯水洗废液	除含酚、油类物质外，还因聚合反应所用催化剂不同而含有其他产物
	熄焦废水	含 COD、挥发酚、氰化物、氨氮等
	煤气终冷水、蒸汽冷凝分离水	含有一定浓度的酚、氰和硫化物、COD 和油，是炼焦工艺中有代表性的废水
	脱硫废水	氨氮、硫氰酸盐等
	设备间接冷却水	热污染、盐

工序		废水种类	污染特点
炼铁		设备间接冷却水	热污染、盐
		设备直接冷却水	与产品物料等直接接触，含有污染物质，需经处理后方可回用或串级使用
		高炉煤气洗涤水	悬浮物含量高，含有酚、氰等有害物质，危害大，是炼铁厂具有代表性的废水
		冲渣废水	主要成分含油悬浮物、酚、氰、硫化物、砷、无机盐等，浓度随着原料、燃料和操作条件的不同，水质有比较大的差距
炼钢		设备间接冷却水	废水的水温较高，水质基本不受到污染，采取冷却降温后可循环使用
		直接冷却废水	含有大量的氧化铁皮和少量润滑油脂，经处理后方可循环利用或外排
		转炉除尘废水	含有大量悬浮物、热污染
轧钢	热轧	直接冷却废水	悬浮物（含大量氧化铁皮）和油，水温较高
		间接冷却废水	废水的水温较高，水质基本不受到污染，采取冷却降温后可循环使用
		层流冷却废水	含氧化铁皮，温度较高
	冷轧	含酸、碱废水	含酸废水主要来自于酸洗槽、抽风洗涤塔排水；含碱废水来自中和槽、脱脂槽及抽风洗涤塔排水
		含油及乳化液废水	含有浮油、乳化液、悬浮物
		含重金属废水	钢材表面钝化处理产生，主要含六价铬、三价铬等
		含光整液废水	为镀锌钢板产生特殊废水，主要为阴离子或非离子表面活性剂，废水 COD 负荷很高

　　根据实地调研、实验分析和统计，钢铁行业废水中排放量最大的冷却废水，约占总水量的 70%~80%，包括各环节间接冷却废水和设备、产品直接冷却废水。钢铁工业污染负荷较大的废水主要有焦化含酚氰废水、转炉烟气洗涤水、不锈钢酸洗废液、冷轧厂乳化液、高炉煤气洗涤水和冲渣水等。根据污染物性质的不同，钢铁工业废水中污染物可归纳为如下几种：

　　（1）悬浮固体。悬浮固体是钢铁生产过程（特别是联合钢铁企业）排放的主要污染物。悬浮固体主要来源包括原料装卸遗失、焦炉生产装置遗留物，酸洗和涂镀作业线的水处理装置以及高炉、转炉、连铸等湿式除尘净化系统或水处理系统分别产生的煤、生物污泥、金属氢氧化物和氧化铁固体等。其中焦化废水中的悬浮物由于附着大量有毒有机物，危害较大。

　　（2）重金属。钢铁工业生产过程中所排废水含有不同浓度、不同种类的重金属。炼钢过程可能含有高浓度的锌、铁和锰，冷轧和涂镀区排放物含有锌、镉、六价铬等，焦化废水中还含有铬、镉、铅、砷、汞、铜、镍、锌和铊等金属。钢铁生产中的金属废物可能与废水中其他有毒成分结合，例如氨、有机物、润滑油、氰化物、碱、溶剂和酸等，形成络合污染物。

　　（3）油与油脂。钢铁工业中的油和油脂污染物主要来源于冷轧、热轧、铸造、涂镀等工艺的润滑环节。油在废水中通常有 4 种存在形式：铺展于废水表面形成油膜或油层的浮油,如废水中的润滑油;分散于废水中的油粒状的分散油,呈悬浮状,不稳定;在废水中成乳化状态的乳化油,长期保持稳定,如轧钢中的含油废水;微粒分散油。

(4)无机酸。普通钢材通常采用硫酸或盐酸进行酸洗,不锈钢酸洗通常采用硝酸-氢氟酸混酸洗。钢材经酸洗后需用水冲洗,产生的这种含酸废水主要含有不同浓度的无机酸,具有较强的腐蚀性。

(5)有机污染物。钢铁工业废水中有机污染物种类较多,特别是炼焦过程排放的焦化废水含有机物多达数百种,尤其是大量苯酚及其衍生物、喹啉类化合物、苯类及衍生物、苯并芘、氰化物等剧毒性有机物,对水环境和人类健康造成非常严重的威胁,是钢铁废水的重要特征污染物。

(6)阴离子。焦化废水、烧结烟气洗涤水、高炉烟尘洗涤水等含大量的阴离子,主要来源于煤和原矿。

(7)无机盐。钢铁工业含盐废水主要来源于循环水、排污水和膜工艺处理废水产生的浓水,含有一定浓度的无机盐,并且多与有机污染物共存,处理难度很大。

1.2.2.1 钢铁行业各工序废水污染物特征

A 烧结/球团废水污染物特征

烧结厂废水一般来自湿式除尘设备排水、洗地坪排水、设备冷却排水、胶带机冲洗水、脱硫废液和煤气水封阀排水。

湿式除尘设备排水含有大量悬浮物,需经过处理后才可循环使用或排放。水中悬浮物含量可高达 5000mg/L,废水量为 0.6~0.7m³/t。冲洗地坪排水为间断性排水,排水中悬浮物含量高,经净化处理后可以循环使用。间接设备冷却排水水质并未受到污染,仅水温有所升高,因此一般都回收重复利用。胶带机冲洗水是在输送和配料过程中产生的废水,冲洗水量为 0.058m³/t,悬浮物浓度可高达 5000mg/L。

B 焦化废水污染物特征

焦化生产废水来源包括湿熄焦废水、剩余氨水和煤气净化过程中产生的其他废水等,其成分随着煤的组成和性质、炭化温度及煤气净化的工艺不同而变化,组成复杂,有毒污染物浓度高,毒性大且难以处理。湿熄焦废水沉淀后循环利用,其他焦化生产废水送蒸氨系统处理后,再经酚氰污水处理系统处理,最终用于洗煤、熄焦、高炉冲渣或汇入综合废水处理厂等,焦化生产过程中废水中污染物种类见表1-15。

表 1-15 焦化工艺废水中污染物种类及来源

排水点	主要污染物
蒸氨塔出水	挥发酚、氰化物、硫化氢、硫氰化物、氨、吡啶等
粗苯分离水	挥发酚、苯、氰化物、硫化氢、氨、吡啶、萘等
脱硫废液	硫氰酸盐、氨氮等
终冷排污水	挥发酚、苯、氰化物、硫化氢、硫氰化物、氨、吡啶、萘等
精苯车间分离水	挥发酚、氰化物、硫化氢、氨、油、吡啶、萘等

排水点	主要污染物
精苯原料分离水	挥发酚、氰化物、氨、硫化氢、萘等
精苯蒸发器分离水	挥发酚、油、氨、硫化氢、萘等
焦油一次蒸发器分离水	挥发酚、氰化物、油、氨、硫化氢等
焦油原料分离水	挥发酚、氰化物、油、氨、硫化氢等
焦油洗塔分离水	挥发酚、氰化物、油、氨、硫化氢等
洗涤蒸吹塔分离水	挥发酚、氰化物、油、氨、硫化氢、萘等

焦化废水中含有大量的有机物和无机物。有机物主要包括酚类、苯类、有机氮类（吡啶、苯胺、喹啉、咔唑、吲哚等）以及多环芳烃等，无机物含量比较高的为氨氮、SCN^-、Cl^-、S^{2-}、CN^-、$S_2O_3^{2-}$ 等。焦化废水中含有高浓度的 COD，可生化性差，BOD_5/COD_{Cr} 一般为 0.25～0.35，属较难生化处理废水。经过调研多家企业，焦化工艺产生废水水质情况见表 1-16。

表 1-16　焦化废水水质情况　　　　　　　　　　　　　（mg/L）

指标	最大值	最小值	均值
COD_{Cr}	7200	946	2943.3
BOD	3460	110	1170.8
NH_3-N	1010	50	271.8
TN	1499.5	233	449.2
石油类	264	9.9	67.3
挥发酚	1600	146.9	584.7
硫化物	231	18	100.1
氰化物	93	0.8	23.1
硫氰化物	721	27	259.4
悬浮物	400	6	170.7
色度	1650 倍	100 倍	713.7 倍

C　炼铁废水污染物特征

炼铁工业废水主要包括：烟气净化洗涤废水、冲渣废水、场地冲洗废水以及炉体设备和产品的冷却废水等。

煤气洗涤废水属于浊废水，废水组成与原料和燃料成分、冶炼操作条件密切相关。这种废水水量大，温度高，并且含有高浓度悬浮物，以及酚、氰等有害物质，危害大，是炼铁厂的典型废水。

冲渣废水主要成分包括油、悬浮物、酚、氰、硫化物和砷、无机盐等，随着原料、燃料和操作条件的不同，废水水质差异较大。

D 炼钢废水污染物特征

炼钢废水主要分为三类：（1）设备间接冷却水，水温较高，水质未受污染，冷却降温后可循环使用不外排。但必须保持水质稳定，否则会使设备产生腐蚀或结垢阻塞。（2）设备和产品的直接冷却废水，主要特征是含有大量的氧化铁皮和少量润滑油脂，经处理后方可循环利用或外排。（3）生产工艺过程废水，主要是转炉除尘废水。

E 热轧废水污染物特征

热轧废水主要是轧制过程中的直接冷却废水。热轧生产是对加热到1000℃以上的钢锭或钢坯进行轧制，有关设备及轧件均需直接冷却。冷却后的废水中主要污染物为粒度分布很广的氧化铁皮及润滑油类。此外，热轧废水的温度较高，大量废水直接排出时，还将造成一定的热污染。

F 冷轧废水污染物特征

冷轧生产以酸洗后的热轧产品为原料，冷轧过程需要用乳化液或棕榈油作润滑或冷却剂，会产生酸性废水及含油、乳化液的废水。冷轧带钢在松卷退火及表面处理时，会产生碱性含油废水，在表面处理过程中还会产生含酸、碱、油及铬的废水。冷轧废水对环境的污染主要是化学污染，主要污染物是酸、碱、乳化液及有毒重金属。

冷轧含油废水量大、污染面积广、危害严重，含油废水的危害体现在可以有效阻断空气中的氧溶解到水中，降低水中的溶解氧，水体中的各类浮油生物会因为缺氧而死亡；也阻断了水生植物进行光合作用，水体的自净作用难以发挥，导致水质变臭，水资源利用率降低。水质恶化也会导致水中的鱼类死亡或染上油，人类食用后可能引发各种疾病甚至死亡。冷轧废水处理效果与油分的来源、组成及形式密切相关，冷轧含油废水的主要水质特点见表1-17，常见冷轧废水分类及主要成分见表1-18。

表 1-17 冷轧含油废水的水质特点

类型	粒径/μm	结构	主要状态	含量/%
浮油	100 以上	油包水	漂浮状态	15~20
分散油	10~100	水包油	悬浮状态	40~60
乳化油	0.1~20	水包油	稳定状态	20~30
溶解油	纳米级	溶解	溶解	20 以下

表 1-18 冷轧废水分类及主要成分

冷轧废水	主要性质	主要来源	主要污染物
酸性废水	HCl 含量：5~10mg/L，Fe 含量：1~5g/L	酸洗段、酸再生、热镀锌淬水冷却段、新酸站	氯化物、Fe、Zn 等离子、SiO_2

冷轧废水	主要性质	主要来源	主要污染物
稀碱油废水	NaOH 含量：≤ 1g/L，油含量：≤200mg/L，SS 含量：50～100mg/L，Fe 含量：6～30mg/L，COD_{Cr} 含量：1000～2000mg/L	脱脂漂洗段	油类、Na、Fe 等金属离子
浓油废水	NaOH 含量：10～20g/L，油含量：5～10g/L，Fe 含量：60～500mg/L	冷轧段、脱脂段	油类、Na、Fe 等金属离子
含铬废水	pH 值：2～3，Cr^{6+} 含量：1000～2000mg/L	不锈钢酸洗段、热镀锌钝化段	Cr 等重金属离子
平整液废水	pH 值：7～8；COD_{Cr} 含量：20000～50000mg/L	平整段	小分子有机物、表面活性剂

冷轧废水来源广、水质差异大、排放无规律，被业内称为冶金行业最难处理的废水之一。某不锈钢有限公司针对不同水质的冷轧废水处理，采用以下几种不同的处理工艺。中性盐及含铬废水处理工艺流程为：含铬废水→调节池→一级还原罐→二级还原罐→出水→酸性废水处理设施。酸性废水处理工艺为：酸性废水→调节池→一级中和池→二级中和池→出水→反应澄清池→中间水池→砂滤池→出水。浓油废水处理工艺为：乳化液与浓油强碱废水→分配池→调节池→纸带过滤器→超滤循环池→超滤→MBR 生化池→出水。稀油废水处理工艺为：稀油废水→调节池→混合反应槽→一级气浮→二级气浮→一级冷却塔→二级冷却塔→生化处理→出水。

1.2.2.2　典型钢铁企业各工序废水中典型污染物

根据对典型钢铁企业各工序排水进行全面分析和统计，钢铁各工序重点污染物分布情况见表 1-19。

表 1-19　钢铁生产工序废水中主要污染物分布情况　　　　　　　（%）

工序	氨氮	石油类	COD_{Cr}	氰化物	挥发酚
焦化	66.06	8.45	48.34	97.72	99.78
炼铁	0.08	0.32	0.54	2.27	0.2
炼钢	0.08	0.31	1.49	0.01	0.01
热轧	0.41	0.62	1.49	0	0.01
冷轧	33.37	90.30	48.15	0	0.01

钢铁生产各工序排放废水中典型污染物氨氮、石油类、COD_{Cr}、氰化物和挥发酚分布情况如图 1-4～图 1-8 所示。

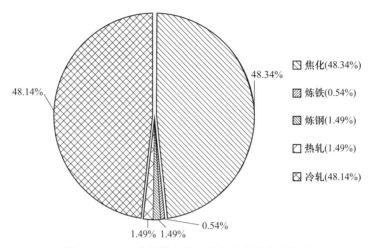

图 1-4　COD$_{Cr}$ 在钢铁生产工序废水中的分布情况

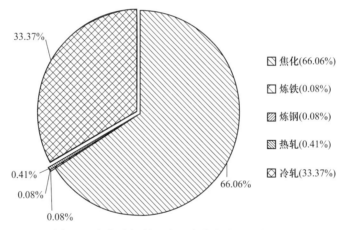

图 1-5　氨氮在钢铁生产工序废水中的分布情况

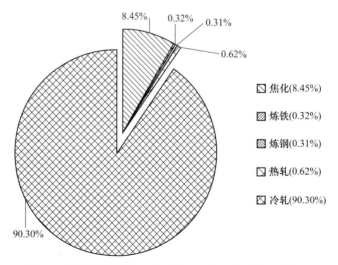

图 1-6　石油类污染物在钢铁生产工序废水中的分布情况

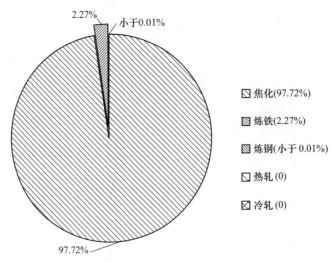

图 1-7　氰化物在钢铁生产工序废水中的分布情况

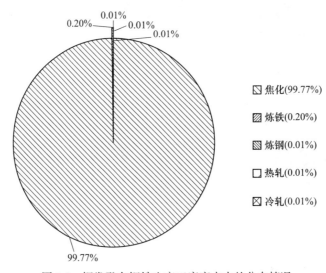

图 1-8　挥发酚在钢铁生产工序废水中的分布情况

结合图 1-4~图 1-8、表 1-19 可以看出：

（1） COD_{Cr} 产生量最高的工序为焦化和轧钢，进一步取样分析发现 COD_{Cr} 污染物含量最高的废水为：蒸氨废水、乳化液和脱硫废液。

（2） 石油类污染物产生量最高的工序为轧钢，进一步取样分析发现石油类污染物含量最高的废水为轧钢乳化液、含稀油废水和蒸氨废水。

（3） 氨氮类产生量最高的工序为焦化和冷轧，进一步取样分析发现氨氮污染物含量最高的废水为脱硫废液、蒸氨废水和平整液废水。

（4） 氰化物类产生量最高的工序为焦化，进一步取样分析发现氰化物污染物含量最高的废水为蒸氨废水、焦炉煤气水封水和高炉煤气水封水。

（5） 挥发酚类产生量最高的工序为焦化，进一步取样分析发现挥发酚污染物含量最高的废水为蒸氨废水、焦炉煤气水封水和高炉煤气水封水。

根据等标污染负荷法计算，计算得到吨产品五大污染物等标污染负荷比如表 1-20 和图 1-9 所示。

表 1-20 典型钢铁企业重点污染物等标污染负荷比

工序	吨钢废水排放量/t	c_0/c_j					
		COD_{Cr}	氨氮	石油类	氰化物	挥发酚	吨钢等标污染负荷/t
焦化	0.26	50	5	33.6	600	2320	782.236
炼铁	0.33	0.7	0.01	0.833333	4.4	2.22	2.6939
炼钢	1.6	0.4	0.002	0.166667	0.0002	0.026	0.951787
热轧	1.6	0.4	0.01	0.333333	0	0.02	1.221333
冷轧	0.37	56	3.55	210.3333	0	0.02	99.86423

注：c_0/c_j 为某污染物实测浓度与该污染物排放标准比值，为无量纲单位。

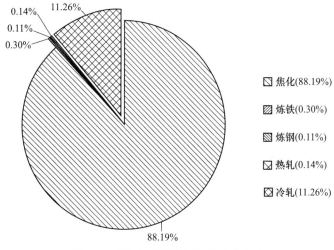

图 1-9 钢铁各环节等标污染负荷占比

综合分析钢铁企业各生产环节污染严重程度，排序如下：焦化>冷轧>热轧>炼钢>炼铁。

1.2.2.3 钢铁行业主要废水的特征污染物

A 难降解有机污染物

钢铁废水中难降解有机污染物主要集中于焦化废水，由于焦化工序中原料煤的组分比较复杂，并且炼焦过程发生化学反应较多，包括煤的热分解、聚合、缩合、气化和异构化反应等，因此会产生多种有机物。除了特征有毒有害物质，如挥发酚和氰化物等，还含萘、吡啶、喹啉、蒽等多环芳烃和其他稠环芳烃化合物等，焦化废水中主要难降解有机物见表 1-21。

表 1-21 某焦化厂焦化废水主要有机物构成

类别	物质	英文名称	检出情况
酚类	苯酚	Phenol	+++
	2-甲基苯酚	2-Methylohenol	+++
	3-甲基苯酚	3-Methylohenol	+++
	4-甲基苯酚	4-Methylohenol	+++
	2,4-二甲基苯酚	2,4-Dimethylphenol	++
	2,5-二甲基苯酚	2,5-Dimethylphenol	++
	2,3-二甲基苯酚	2,3-Dimethylphenol	++
	3,6-二甲基苯酚	3,6-Dimethylphenol	++
	2,6-二甲基苯酚	2,6-Dimethylphenol	++
	3,4-二甲基苯酚	3,4-Dimethylphenol	++
	1-萘酚	1-Naphthol	++
	2-萘酚	2-Naphthol	++
	4-甲基-1-萘酚	4-Methyl-1-naphthol	+
	7-甲基-1-萘酚	7-Methyl-1-naphthol	+
多环芳烃	萘	Naphthalene	++
	2-甲基萘	2-Methylnaphthalene	++
	2-乙烯基萘	2-Ethenylnaphthalene	++
	苊	Acenaphthene	+
	二氢苊	Acenaphthylene	+
	芴	Fluorene	+
	菲	Phenanthrene	+
	蒽	Anthracene	+
	苯并［a］蒽	Benzo［a］anthracene	+
	荧蒽	Fluoranthene	++
	苯并［b］荧蒽	Benzo［b］fluoranthene	+
	苯并［k］荧蒽	Benzo［k］fluoranthene	+
	芘	Pyrene	+
	䓛	Chrysene	+
	苝	Perylene	+
	苯并［a］芘	Benzo［a］pyrene	+
	二苯并［a，h］蒽	Dibenzo［a，h］anthracene	+
吡啶	3-甲基吡啶	3-Methylpyridine	+
	5H-茚（1,2-b）吡啶	5H-inden（1,2-b）pyridine	+
	5H-1-吡啶	5H-1-pyrindine	+

续表 1-21

类别	物质	英文名称	检出情况
喹啉	异喹啉	Isoquinoline	+++
	喹啉	Quinoline	+++
	7-甲基喹啉	7-Methyquinoline	+++
	5-甲基喹啉	5-Methyquinoline	+++
	1-甲基异喹啉	1-Methyl-isoquinoline	+++
	3-甲基喹啉	3-Methyquinoline	+++
	1-苯基-异喹啉	1-Phenyl-isoquinoline	++
	苯并［f］喹啉	Benzo［f］quinoline	++
	1,2,3,4-四氢喹啉	1,2,3,4-Tetrahydro-quinoline	++
吲哚	吲哚	Indole	+++
	3-甲基-1H 吲哚	3-Methyl-1H-indole	+
	1-甲基-1H 吲哚	1-Methyl-1H-indole	+
吲唑	1H-吲唑	1H-indazole	+
吲嗪	5-甲基吲嗪	5-Methyl-indolizine	+
	7-甲基吲嗪	7-Methyl-indolizine	+
咔唑	咔唑	Carbazole	+
吖啶	吖啶	Acridine	+
萘啶	1,5-萘啶	1,5-Naphthyridine	+
	2-甲基-1,8-萘啶	2-Methyl-1,8-Naphthyridine	+
氮杂芴	2-氮杂芴	2-Azafluorene	++
苯系物	1-异氰-3-甲基苯	1-Isocvano-3-methyl-benzene	+
醇类	2-甲基-8-喹啉醇	2-Methyl-8-quinolinol	
酮类	9(10H)-吖啶酮	9(10H)-Acridinone	+
	1-甲基-4-氮杂芴酮	1-Methyl-4-azafluorenone	
	2-甲基-2-苯并呋喃酮	2-Methyl-2-benzofuranone	
胺	苯胺	Aniline	+
	2-甲基苯胺	2-Methyl-aniline	
呋喃	苯并呋喃	Benzofuran	+
硫单质	S		++
硫醇	1,3-苯二硫醇	1,3-Benzenedithiol	+

B 特征无机离子污染

除了各种有机污染物，煤中的部分无机组分也会转移到焦化废水中，例如氟离子和金属铊。对典型焦化厂废水以及焦化废水处理系统采样分析，得到的含量数据见表1-22。

表1-22　炼焦工序各节点废水中氟与铊含量

工　序	水样名称	氟离子含量/mg·L⁻¹	铊含量/μg·L⁻¹
	循环水排污水	4.38	9.04
炼焦工序	蒸氨废水	114.24	91.688
	煤气水封水	27.65	3.3
	调节池进水	101.67	87.991
焦化废水处理系统	二沉池出水	45.68	48.4
	混凝出水	31.75	59.031
	深度处理出水	26.89	50.141

如表1-22所示，炼焦工序各节点均能检出氟离子和铊。其中铊可以通过饮水、食物和呼吸进入人体并富集，其化合物具有诱变性、致癌性和致畸性，可导致食道癌、肝癌和大肠癌等多种疾病，使人类健康受到极大的威胁。传统的废水处理方法对铊的去除效果较差，而且《炼焦化学工业污染物排放标准》（GB 16171—2012）和《钢铁工业水污染物排放标准》（GB 13456—2012）均未提出相应的铊排放标准。因此在后续标准修订中，应将焦化废水中铊元素纳入排放控制体系。

1.2.3　钢铁行业废水典型污染物及危害

钢铁厂产生废水中的主要污染物及其指标包括：COD、氨氮、油类、酚类、氰化物、氟化物、重金属、浊度、硬度与碱度等。

（1）化学需氧量（chemical oxygen demand，COD）。COD是表示水中还原性物质浓度的指标，主要是有机物、亚硝酸盐、硫化物和亚铁盐等物质溶度。COD进入废水的途径很多，主要是生产过程和冷却过程，也包括通过补水进入工业循环水系统，在运行过程中原水中的COD会被不断浓缩。另外，工业循环冷却水系统需投加水质稳定药剂，如缓蚀剂、阻垢剂、分散剂、杀菌剂、混凝剂、助凝剂等，这些水处理药剂有相当一部分是高分子有机药剂，包括部分还原性较强的物质，因此投加水处理药剂也会增加循环水系统的COD，一般增量为1~10mg/L。COD含量过高时，会造成自然水体水质恶化，因为COD降解需要消耗水中的溶解氧，而水体的复氧能力无法满足其需求时，会使水体进入缺氧状态。在缺氧状态下有机物继续分解，水体就会发黑、产生难闻气味，破坏水体平衡，造成除微生物外所有生物死亡。而且水中有机物可能通过一定的途径进入人体并且富集，对人体健康造成极大的危害。

（2）氨氮。废水中的氨氮是指以游离氨和离子铵形式存在的氮，大量氨氮废水排入水体不仅引起水体富营养化、水体黑臭，对人体及生物产生毒害作用，也大大提高污水处理的难度和成本。氨氮是使水体富营养化和环境污染的重要物质，易引起水中藻类及其他微生物大量繁殖，造成饮用水异味，严重时会使水中溶解氧下降，鱼类大量死亡。此外，水中所含氨氮还会增大给水消毒和工业循环水杀菌处理过程中氯的用量，并对某些金属（铜）具有腐蚀性。当污水回用时，再生水中氨氮可以促进输水管道和用水设备中微生物繁殖形成生物垢，堵塞管道和用水设备，并影响换热效率。

（3）油类。钢铁废水中的油主要是来自连铸、热轧、冷轧等主工艺设备润滑过程，以及泄漏的液压油进入浊循环水系统，然后进入工业污水系统。含油废水排入水体后会引起水体表面变色，降低氧传导作用，对水生物系统破坏性很大。另外，乳化油中含有表面活性剂和其他致癌性物质，在水体中的危害更大。

（4）酚类。钢铁工业中含酚废水主要来源于焦化厂，主要是挥发酚。酚类化合物属于极性、可离子化、弱酸性有机化合物，具有毒性大、难降解等特点。酚类化合物种类繁多，有苯酚、甲基酚、氨基酚、硝基酚、氯酚等，其中以苯酚、甲酚污染最严重。焦化废水中主要的酚类化合物为甲基酚、苯酚、二甲基酚和硝基甲酚等。含酚废水污染范围广，对人体有毒害作用。酚类化合物是原型质毒物，对一切生物都有毒害作用，可通过与人的皮肤、黏膜接触发生化学反应，形成不溶性蛋白质使细胞失去活力，高浓度酚溶液还会使蛋白质凝固。酚还能向深部渗透，引起深部组织损伤坏死直至全身中毒。长期饮用被酚污染的水会引起头晕、贫血以及各种神经系统病症。由于含酚废水耗氧量高，水体中的氧平衡将受到破坏。水中含酚 0.002~0.015mg/L 时，加氯消毒就会产生氯酚恶臭，不能作为饮用水。水体中含 0.1~0.2mg/L 时，鱼类会有酚味，浓度高时会引起鱼类大量死亡。用未经处理的含酚废水（100~750mg/L）直接灌溉农田，会使农作物枯死和减产。

（5）氰化物。氰化物是指分子中含有氰基（CN^-）的化合物，根据与氰基连接的元素或基团不同，可把氰化物分成两大类：无机氰化物和有机氰化物。按其组成与性质不同，无机氰化物可分为络合氰化物和简单氰化物。大多数无机氰化物都属于高毒物质，极少量（数毫克/千克体重）就会使人、畜、鱼类等在短时间内中毒死亡，还会造成农作物减产。因此在工业生产过程中，氰化物的使用和排放必须严格控制，尤其要有完善的污水处理设施，使氰化物的外排量减少。络合氰化物的毒性虽然比简单氰化物毒性小得多，但是复盐铁氰酸盐和亚铁氰酸盐等低毒性的氰化物，在阳光照射或其他反应条件下，也可分解释放出相当数量的游离氰化物，导致水生生物中毒死亡。因此从环境安全、生物安全和人体安全的角度考虑，含氰废水的除毒处理问题应予以高度重视。

（6）氟化物。钢铁工业生产中普遍存在低浓度含氟废水，目前国内许多企业未加处理就直接排放，或简单处理后作为工业循环水重复利用。这不仅造成环境污染，而且易造成氟离子浓度富集，导致工业循环水中水质酸化，腐蚀冷却系统的设备和管道。含氟废水的处理方法众多，其中沉淀法工艺简单，操作方便，但药剂用量较大，会带来二次污染。吸附法有一定的处理效果，且吸附材料来源广泛，如能提高吸附容量并解决吸附剂的再生问题，应该有较好的发展前景。其他的新工艺较复杂，且运行费用较高，目前还只适用于一些特殊含氟废水处理。在不产生二次污染的基础上，开发新型功能材料，联合应用各种方法，实现含氟废水的高效处理和资源化利用，是今后含氟废水处理技术的发展方向。

（7）重金属。钢铁工业废水可能含不同种类的重金属离子，例如炼钢废水可能含有高浓度的锌和锰，冷轧废水可能含有锌、铬、铜和铝等。与很多易生物降解的有机物不同，重金属不能被生物降解为无害物，排入水体后除少部分被水生物、鱼类吸收外，其他大部分易被水中各种有机、无机胶体和微粒物质吸附聚集而沉淀水底，最终通过生物链进入人体，严重威胁人类健康。除此之外，重金属污染物还可能与其他有毒成分相互作用，释放出对环境威胁更大的有毒污染物。

（8）浊度。浊度主要是由水中的悬浮物和胶体物质引起的。钢铁工业循环水中存在由泥土、砂粒、尘埃、腐蚀产物、水垢、微生物黏泥等不溶性物质组成的悬浮物，铁、铝、硅的无机胶体物质以及一些有机胶体物质。悬浮物和胶体物质可从空气进入，由补充水带入，或在循环水系统运行时生成。另外，钢铁废水中还可能含有由氧化铁皮、金属粉尘等组成的悬浮物，这些悬浮物主要是在煤气清洗、冲渣、火焰切割、喷雾冷却、淬火冷却、精炼除尘等生产过程中进入循环水系统，通过排污进入工业污水中。高浊度相当于给循环水中增加晶种，容易结垢且腐蚀设备，影响混热效率。

（9）硬度和碱度。对于循环水系统而言，随着循环冷却水被浓缩，冷却水的硬度和碱度会增大。循环水系统排污水进入工业污水系统，导致工业污水系统的硬度和碱度也大幅度提高。硬度和碱度超标会使循环水设备内部结垢，严重影响换热效率，造成能源浪费，严重时甚至影响生产稳定运行。

2 钢铁行业水污染控制现状与需求

2.1 钢铁行业水污染控制政策法规

2.1.1 我国钢铁行业水污染控制法规及排放标准

钢铁行业水污染治理主要依据国家及各部门颁布的法律法规、排放标准、技术政策、钢铁产业发展政策和《城市规划法》《水法》《环境保护法》《水污染防治法》等规定来监管（见表2-1）。目前，国家层面发布实施有关钢铁行业或涵盖钢铁行业的法规、标准等61余项，其中法律法规3项，部门规章13项，技术指南6项，技术规范24项，标准10项以及导则5项，地方发布实施钢铁行业标准规范指南23项。

表 2-1　钢铁行业水污染控制相关法规和标准

类别	文件名称	文号或标准字号	文件来源	颁布及修订时间
法律法规	中华人民共和国水污染防治法	中华人民共和国主席令第87号	第十二届全国人民代表大会常务委员会第二十八次会议	2008-06-01；2018-01-01
国家标准	炼焦化学工业污染物排放标准	GB 16171—2012	环境保护部	2012-10-01
	钢铁工业水污染物排放标准	GB 13456—2012	环境保护部	2012-10-01
	焦化行业清洁生产水平评价标准	YB/T 4416—2014	工业和信息化部	2014-11-01
部门规章	钢铁工业调整升级规划（2016~2020年）	工信部规〔2016〕358号	工业和信息化部	2016-10-28
	钢铁行业（烧结、球团）清洁生产评价指标体系	2018年第17号公告	国家发展改革委、生态环境部、工业和信息化部	2018-12-29
	钢铁行业（高炉炼铁）清洁生产评价指标体系			
	钢铁行业（炼钢）清洁生产评价指标体系			
	钢铁行业（钢延压加工）清洁生产评价指标体系			
	钢铁行业（铁合金）清洁生产评价指标体系			

类别	文件名称	文号或标准字号	文件来源	颁布及修订时间
技术指南	排污单位自行监测技术指南 钢铁工业及炼焦化学工业	HJ 878—2017	环境保护部	2018-01-01
技术规范	钢铁工业直接冷却循环环水处理技术规范	YB/T 4792—2019	工业和信息化部	2020-07-01
	钢铁工业浓盐水处理技术规范	YB/T 4791—2019	工业和信息化部	2020-07-01
	钢铁企业综合废水深度处理技术规范	YB/T 4699—2019	工业和信息化部	2020-07-01
	焦化脱硫脱氰废水处理及回收技术规范	HG/T 5361—2018	工业和信息化部	2019-01-01
	炼焦废水深度处理技术规范	YB/T 4599—2018	工业和信息化部	2018-07-01
	风碎-热闷集成处理钢渣技术规范	YB/T 4796—2019	工业和信息化部	2020-07-01
	热轧油泥在线气浮处理技术规范	YB/T 4714—2019	工业和信息化部	2019-04-01
	铁矿山采选企业重金属废水处理技术规范	YB/T 4789—2019	工业和信息化部	2020-07-01
	烧结烟气湿法脱硫废水处理技术规范	YB/T 4788—2019	工业和信息化部	2020-07-01
	高炉冲渣水余热利用技术要求	YB/T 4787—2019	工业和信息化部	2020-07-01
	排污许可证申请与核发技术规范 钢铁工业	HJ 846—2017	环境保护部	2017-07-27
	排污许可证申请与核发技术规范 炼焦化学工业	HJ 854—2017	环境保护部	2017-09-13
地方标准	钢铁行业绿色工厂评价规范（山东省）	DB 37/T 3301—2018	山东省市场监督管理局	2018-07-12
	焦化行业绿色工厂评价规范（山东省）	DB 37/T 3596—2019	山东省市场监督管理局	2019-08-23
	钢铁工业废水中铊污染物排放标准（江苏省）	DB 32/3431—2018	江苏省环境保护厅、江苏省质量技术监督局	2018-09-01
	太湖地区城镇污水处理厂及重点工业行业主要水污染物排放限值（江苏省）	DB 32/1072—2018	江苏省环境保护厅、安徽省质量技术监督局	2018-06-01

类别	文件名称	文号或标准字号	文件来源	颁布及修订时间
地方标准	巢湖流域城镇污水处理厂和工业行业主要水污染物排放限值（安徽省）	DB 34/2710—2016	安徽省环境保护厅、江苏省质量技术监督局	2017-01-01
	污水综合排放标准（天津市）	DB 12/356—2018	天津市环境保护局	2018-02-01
	污水综合排放标准（上海市）	DB 31/199—2018	上海市环境保护局、上海市质量技术监督局	2018-12-01
	工业废水铊污染物排放标准（广东省）	DB 44/1989—2017	广东省环境保护厅、广东省质量技术监督局	2017-10-01
	黄河流域（陕西段）污水综合排放标准（陕西省）	DB 61/224—2018	陕西省质量技术监督局	2019-01-29
导则	钢铁行业绿色工厂评价导则	YB/T 4771—2019	工业和信息化部	2020-04-01

以"十三五"钢铁产业发展政策、钢铁产业调整政策（2018 年修订）、国务院关于进一步加强淘汰落后产能工作的通知、工业和信息化部关于钢铁工业节能减排的指导意见、生态环境部等 5 部门联合发布《关于推进实施钢铁行业超低排放的意见》（2019）、工业和信息化部关于钢铁工业节能减排的指导意见等法律法规为政策导向，对钢铁行业产能及水污染治理进行了调控。钢铁产业调整政策要求到 2025 年，钢铁企业污染物排放、工序能耗全面符合国家和地方规定的标准。钢铁行业吨钢综合能耗下降到 560kg（标煤），取水量下降到 3.8m³ 以下，吨钢 SO₂ 排放量下降到 0.6kg，吨钢烟粉尘排放量下降到 0.5kg，固体废弃物实现 100%利用。新（改、扩）建钢铁项目各工序能耗应满足《焦炭单位产品能源消耗限额》《粗钢生产主要工序单位产品能源消耗限额》准入值的要求。新（改、扩）建钢铁项目各工序污染物排放应满足《炼焦化学工业污染物排放标准》《铁矿采选工业污染物排放标准》《炼焦化学工业大气污染物排放标准》《钢铁烧结、球团工业大气污染物排放标准》以及《钢铁工业水污染物排放标准》的要求。

综合考虑钢铁工业的发展形势、国内的环境保护形势以及节能减排形势等多重影响，根据国家现行环保法规、现行钢铁产业发展政策、目前国内环境保护形势和钢铁工业的技术水平，有针对性地制定技术先进、经济合理、环境允许、实践可行，且符合清洁生产和节能减排要求的排放标准和技术规范十分必要。以下对部分相关法律法规和与钢铁行业水处理相关的国家标准和地方标准进行简单介绍。

2.1.1.1 钢铁工业水污染排放标准

根据《钢铁工业水污染排放标准》(GB 13456—2012) 规定，自 2012 年 10 月 1 日起至 2014 年 12 月 31 日止，原有企业执行表 2-2 中规定的水污染物排放限值。

表 2-2　现有企业水污染物排放浓度限值及单位产品基准排水量　　（mg/L，pH 值除外）

序号	污染物项目	限值							污染物排放监控位置
		直接排放						间接排放	
		钢铁联合企业	非钢铁联合企业						
			烧结（球团）	炼铁	炼钢	轧钢			
						冷轧	热轧		
1	pH 值	6~9	6~9	6~9	6~9	6~9		6~9	企业废水总排放口
2	悬浮物	50	50	50	50	50		100	
3	化学需氧量	60	60	60	60	80	60	200	
4	氨氮	8	—	8	—	8		15	
5	总氮	20	—	20	—	20		35	
6	总磷	1.0	—	—	—	1.0		2.0	
7	石油类	5	5	5	5	5		10	
8	挥发酚	0.5	—	0.5	—	—		1.0	
9	总氰化物	0.5	—	0.5	—	0.5		0.5	
10	氟化物	10	—	—	10	10		20	
11	总铁①	10	—	—	—	10		10	
12	总锌	2.0	—	2.0	—	2.0		4.0	
13	总铜	0.5	—	—	—	0.5		1.0	
14	总砷	0.5	0.5	—	—	0.5		0.5	车间或生产设施废水排放口
15	六价铬	0.5	—	—	—	0.5		0.5	
16	总铬	1.5	—	—	—	1.5		1.5	
17	总铅	1.0	—	1.0	—	—		1.0	
18	总镍	1.0	—	—	—	1.0		1.0	
19	总镉	0.1	—	—	—	0.1		0.1	
20	总汞	0.05	—	—	—	0.05		0.05	
单位产品基准排水量 /m³·t⁻¹	钢铁联合企业②	2.0							排水量计量位置与污染物排放监控位置相同
	非钢铁联合企业	烧结、球团	0.05						
		炼铁							
		炼钢	0.1						
		轧钢	1.8						

①排放废水 pH 值小于 7 时执行该限值；
②钢铁联合企业的产品以粗钢计。

自 2015 年 1 月 1 日起，现有企业执行表 2-3 规定的水污染物排放限值。自 2012 年 10 月 1 日起，新建企业执行表 2-3 规定的水污染物排放限值。

表 2-3 新建企业水污染物排放浓度限值及单位产品基准排水量 （mg/L，pH 值除外）

序号	污染物项目	限 值							污染物排放监控位置
		直接排放						间接排放	
		钢铁联合企业	非钢铁联合企业						
			烧结（球团）	炼铁	炼钢	轧钢			
						冷轧	热轧		
1	pH 值	6～9	6～9	6～9	6～9	6～9		6～9	企业废水总排放口
2	悬浮物	30	30	30	30	30		100	
3	化学需氧量	50	50	50	50	70	50	200	
4	氨氮	5	—	5	5	5		15	
5	总氮	15	—	15	15	15		35	
6	总磷	0.5	—	—	—	0.5		2.0	
7	石油类	3	3	3	3	3		10	
8	挥发酚	0.5	—	0.5	—	—		1.0	
9	总氰化物	0.5	—	0.5	—	0.5		0.5	
10	氟化物	10	—	—	10	10		20	
11	总铁①	10	—	—	—	10		10	
12	总锌	2.0	—	2.0	—	2.0		4.0	
13	总铜	0.5	—	—	—	0.5		1.0	
14	总砷	0.5	0.5	—	—	0.5		0.5	车间或生产设施废水排放口
15	六价铬	0.5	—	—	—	0.5		0.5	
16	总铬	1.5	—	—	—	1.5		1.5	
17	总铅	1.0	1.0	1.0	—	—		1.0	
18	总镍	1.0	—	—	—	1.0		1.0	
19	总镉	0.1	—	—	—	0.1		0.1	
20	总汞	0.05	—	—	—	0.05		0.05	
单位产品基准排水量/m³·t⁻¹	钢铁联合企业②	1.8							排水量计量位置与污染物排放监控位置相同
	非钢铁联合企业	烧结、球团	0.05						
		炼铁							
		炼钢	0.1						
		轧钢	1.5						

①排放废水 pH 值小于 7 时执行该限值；

②钢铁联合企业的产品以粗钢计。

根据环境保护的要求，在国土开发密度已经较高、环境承载能力开始减弱，或环境容量较小、生态环境脆弱，容易发生严重环境污染问题而需要采取特别保护措施的地区，应严格控制企业的污染物排放行为，上述地区的企业执行表2-4中规定的水污染物特别排放限值。

表2-4　水污染物特别排放限值　　　　　　　　（mg/L，pH值除外）

序号	污染物项目	限值						污染物排放监控位置
		直接排放					间接排放	
		钢铁联合企业	非钢铁联合企业					
			烧结（球团）	炼铁	炼钢	轧钢		
1	pH值	6~9	6~9	6~9	6~9	6~9	6~9	企业废水总排放口
2	悬浮物	20	20	20	20	20	30	
3	化学需氧量	30	30	30	30	30	200	
4	氨氮	5	—	5	5	5	8	
5	总氮	15	—	15	15	15	20	
6	总磷	0.5	—	—	—	0.5	0.5	
7	石油类	1	1	1	1	1	3	
8	挥发酚	0.5	—	0.5	—	—	0.5	
9	总氰化物	0.5	—	0.5	—	0.5	0.5	
10	氟化物	10	—	—	10	10	10	
11	总铁①	2.0	—	—	—	2.0	10	
12	总锌	1.0	—	1.0	—	1.0	2.0	
13	总铜	0.3	—	—	—	0.3	0.5	
14	总砷	0.1	0.1	—	—	0.1	0.1	车间或生产设施废水排放口
15	六价铬	0.05	—	—	—	0.05	0.05	
16	总铬	0.1	—	—	—	0.1	0.1	
17	总铅	0.1	0.1	0.1	—	—	0.1	
18	总镍	0.05	—	—	—	0.05	0.05	
19	总镉	0.01	—	—	—	0.01	0.01	
20	总汞	0.01	—	—	—	0.01	0.01	
单位产品基准排水量 /m³·t⁻¹	钢铁联合企业②	1.2						排水量计量位置与污染物排放监控位置相同
	非钢铁联合企业 — 烧结、球团	0.05						
	非钢铁联合企业 — 炼铁							
	非钢铁联合企业 — 炼钢	0.1						
	非钢铁联合企业 — 轧钢	1.1						

①排放废水pH值小于7时执行该限值；

②钢铁联合企业的产品以粗钢计。

对企业排放水污染物浓度的测定采用表2-5所列标准。

表 2-5 水污染物浓度测定方法标准

序号	污染物项目	标准名称	标准编号
1	pH 值	水质 pH 值的测定 玻璃电极法	GB/T 6920—1986
2	悬浮物	水质 悬浮物的测定 重量法	GB/T 11901—1989
3	化学需氧量	水质 化学需氧量的测定 重铬酸钾法	GB/T 11914—1989
		水质 化学需氧量的测定 快速消解分光光度法	HJ/T 399—2007
4	氨氮	水质 氨氮的测定 气相分子吸收光谱法	HJ/T 195—2005
		水质 氨氮的测定 纳氏试剂分光光度法	HJ 535—2009
		水质 氨氮的测定 水杨酸分光光度法	HJ 536—2009
		水质 氨氮的测定 蒸馏—中和滴定法	HJ 537—2009
5	总氮	水质 总氮的测定 碱性过硫酸钾消解紫外分光光变法	GB/T 11894—1989
		水质 总氮的测定 气相分子吸收光谱法	HJ/T 199—2005
6	总磷	水质 总磷的测定 钼酸铵分光光变法	GB/T 11893—1989
7	石油类	水质 石油类的测定 红外分光光度法	GB/T 16488—1996
8	挥发酚	水质 挥发酚的测定 4-氨基安替比林分光光度法	HJ 503—2009
9	氟化物	水质 氟化物的测定 茜素磺酸锆目视比色法	HJ 487—2009
		水质 氟化物的测定 氟试剂分光光度法	HJ 488—2009
10	氰化物	水质 氰化物的测定 容量法和分光光度法	HJ 484—2009
11	总铁	水质 铁、锰的测定 火焰原子吸收分光光度法	GB/T 11911—1989
		水质 铁的测定 邻菲罗啉分光光度法	HJ/T 345—2007
12	总锌	水质 铜、锌、铅、镉的测定 原子吸收分光光度法	GB/T 7475—1987
		水质 锌的测定 双硫腙分光光度法	GB/T 7472—1987
13	总铜	水质 铜、锌、铅、镉的测定 原子吸收分光光度法	GB/T 7475—1987
		水质 铜的测定 二乙基二硫代氨基甲酸钠分光光度法	HJ 485—2009
14	总砷	水质 砷的测定 二乙基二硫代氨基钾酸银分光光度法	GB/T 7485—1987
15	总铬	水质 总铬的测定 高锰酸钾氧化-二苯碳酰二肼分光光度法	GB/T 7466—1987
16	六价铬	水质 六价铬的测定 二苯碳酰二肼分光光度法	GB/T 7467—1987
17	总铅	水质 铜、锌、铅、镉的测定 原子吸收分光光度法	GB/T 7475—1987
18	总镍	水质 镍的测定 丁二酮肟分光光度法	GB/T 11910—1989
		水质 镍的测定 火焰原子吸收分光光度法	GB/T 11912—1989
19	总镉	水质 铜、锌、铅、镉的测定 原子吸收分光光度法	GB/T 7475—1987
20	总汞	水质 总汞的测定 冷原子吸收分光光度法	HJ 597—2011
		水质 汞的测定 双硫腙分光光度法	GB/T 7469—1987
		水质 汞的测定 冷原子荧光法（试行）	HJ/T 341—2007

除了上述技术标准外，在规划设计和建设施工项目时还需遵循以下规范指南。

2.1.1.2　钢铁工业直接冷却循环水处理技术规范

钢铁工业直接冷却循环水处理技术规范要求：

（1）直接冷却循环水处理方案应根据全厂或区域水量和盐平衡方案，并结合全厂水处理量、吨钢耗新水量及吨钢排水量，在满足环保、节能减排要求前提下经综合技术经济评价比较确定。设计方案应包括下列内容：补充水来源、水量、水质及其处理方案，设计浓缩倍数，系统排水处理方案。

（2）循环冷却水水量应根据生产工艺最大时用水量确定。

（3）采用净循环排水或其他性质的循环排水作为直冷系统补水时，应有确保补水水量稳定的措施，首次补水时间应小于8h。

（4）过滤器的类型应根据处理水的水质确定，在技术可行时应采用高效节水型过滤器。

（5）水泵选型与水泵台数应与生产用水变化和建设进度相适应，多台水泵并联工作时，应对水泵与管道的并联工况进行计算与分析。用水量经常变化的场所，应采用变频或其他调速方式的水泵供水。

（6）在水处理流程中，应充分利用余压和自流方式疏水。

（7）直冷系统循环水水质指标应根据工艺要求并结合补充水水质、工况条件及水质稳定方案等因素综合确定。

（8）直冷系统循环水的钙硬度与全碱度之和大于1100mg/L，过稳定指数（RSI）小于3.3时，应加硫酸进行软化处理。

（9）直冷系统循环水的设计浓缩倍数应按工业新水水质为基准计，设计浓缩倍数不宜小于5.0，可选用氯离子、钠离子、钾离子等物质含量作为监控对象。

2.1.1.3　钢铁工业浓盐水处理技术规范

钢铁工业浓盐水处理技术规范要求：

（1）浓盐水处理工艺主要包括预处理、分盐、浓缩、蒸发结晶等多种工艺组合。

（2）浓盐水处理工艺前应对水质进行全分析，以确保选择合适的处理工艺。

（3）在进行浓缩处理前，可根据原水水质的情况选择是否预处理，以满足处理装置进水水质要求。

（4）回用水水质应根据企业水量平衡、盐的物料平衡及企业用水特点确定，不应低于《钢铁企业给水排水设计规范》（GB 50721）中对回用水水质指标的要求。

（5）浓盐水水量应进行有效控制，避免超过正常系统处理能力导致系统产水水质超标，可设事故水池进行相应预防或适当扩大浓盐水调节水池池容。

2.1.1.4　钢铁企业综合废水深度处理技术规范

钢铁企业综合废水深度处理技术规范要求：

（1）综合废水深度处理外排技术主要针对废水中化学需氧量、氨氮、总氮、油类、氰化物等污染物的脱除或回收进行选择与组合，且不产生二次污染和污染物转移。

（2）综合废水深度处理外排技术宜采用物化、生化、高级氧化的组合技术，出水水质应达到《钢铁工业水污染物排放标准》（GB 13456—2012）中规定的污染物排放标准。

（3）综合废水深度处理采用生化处理前，可根据原水水质的不同情况选择不同的物化处理或高级氧化处理，应保证生化处理的进水水质要求。

（4）综合废水深度处理回用技术宜采用脱盐工艺，出水水质应达到各企业内部制定的工业新水或除盐水标准。

（5）综合废水深度处理回用采用脱盐处理前，应进行物化、生化或高级氧化的组合工艺，保证满足脱盐进水水质的要求。

2.1.1.5 炼焦废水深度处理技术规范

炼焦废水深度处理技术规范要求：

（1）炼焦废水深度处理技术的选择应遵循技术先进可行，成熟可靠，高效节能，二次污染少，系统运行稳定等原则。

（2）炼焦废水深度处理技术应根据生化处理后水质情况选择和组合。

（3）炼焦废水深度处理工艺应配套建设二次污染的防范措施，保证固体废弃物、噪声等污染物排放满足《恶臭污染物排放标准》（GB 14554）、《工业企业厂界噪声标准》（GB 12348）和《一般工业固体废物贮存、处置场污染控制标准》（GB 18599）等相关环保标准的要求。

（4）应按照有关规定建设废水排放口，设置符合《环境保护图形标志》（GB 15562.1）要求的废水排放口标志，并安装污染物排放连续监测设备。

（5）炼焦废水深度处理系统主要包括后混凝处理系统、高级氧化处理系统、膜处理系统等。

（6）后混凝处理系统包括药剂混凝技术、电化学絮凝技术等；高级氧化处理系统可采用芬顿技术、过氧化氢催化氧化技术、臭氧催化氧化技术、电催化氧化技术；膜处理系统可采用双膜法及其衍生技术。

2.1.1.6 排污许可证申请与核发技术规范（钢铁工业）

钢铁工业排污单位废水类别、污染物种类及污染治理设施填报内容参见表2-6。钢铁工业排污单位污染物种类依据《钢铁工业水污染物排放标准》（GB 13456—2012）确定，有地方标准要求的，按照地方排放标准确定。

表 2-6 钢铁工业排污单位废水类别、污染物种类及污染治理设施

废水类别	污染物种类	污染治理设施名称及工艺
烧结、球团脱硫废水	pH 值、SS、COD、石油类、总砷	絮凝沉淀
炼铁高炉煤气净化系统废水	pH 值、SS、COD、氨氮、总氮、石油类、挥发酚、总氰化物、总锌、总铅	沉淀后循环使用
炼铁高炉冲渣废水		
炼钢转炉煤气湿法净化回收系统废水	pH 值、SS、COD、石油类、氟化物	沉淀后循环使用

废水类别	污染物种类	污染治理设施名称及工艺
炼钢连铸废水	pH 值、SS、COD、石油类、氟化物	除油+沉淀+过滤系统
热轧直接冷却废水	pH 值、SS、COD、氨氮、总氮、总磷、石油类、总氰化物、氟化物、总铁、总锌、总铜、总砷、六价铬、总铬、总镍、总镉、总汞	除油+沉淀+过滤系统、稀土磁盘
冷轧酸洗、碱洗废水		中和+曝气+絮凝沉淀系统
冷轧含油、乳化液废水		超滤+曝气（或生化）+沉淀（或过滤）
冷轧含铬废水		还原沉淀+絮凝沉淀系统
生活污水	pH 值、COD、BOD$_5$、悬浮物、氨氮、动植物油、总氮、总磷	絮凝沉淀、普通活性污泥法、A/O 法、氧化沟法、SBR 法、MBR 法、其他
全厂综合污水处理厂废水	pH 值、SS、COD、氨氮、总氮、总磷、石油类、挥发酚、总氰化物、氟化物、总铁、总锌、总铜	预处理：旋流沉淀、重力除油、混凝沉淀、气浮除油设施、其他；生化法处理：普通活性污泥法、AB 法、A/O 法、A/O-A/O 法、A^2/O 法、A/O^{2}法、SBR 法、氧化沟设施、其他；深度处理：V 型滤池、超滤、反渗透、离子交换设施、其他
其他废水	pH 值、SS、COD、氨氮、总氮、总磷、石油类、挥发酚、总氰化物、氟化物、总铁、总锌、总铜、总砷、六价铬、总铬、总铅、总镍、总镉、总汞	其他污染治理设施名称及工艺（根据实际情况填报）

2.1.1.7　炼焦化学工业污染物排放标准

水污染物排放控制要求：自 2015 年 1 月 1 日起，依据《炼焦化学工业污染物排放标准》(GB 16171—2012)，现有企业执行表 2-7 规定的水污染物排放限值，自 2012 年 10 月 1 日起，新建企业执行表 2-7 规定的水污染物排放限值。

表 2-7　水污染物排放浓度限值及单位产品基准排水量　　　（mg/L，pH 值除外）

序号	污染物项目	限　值		污染物排放监控位置
		直接排放	间接排放	
1	pH 值	6~9	6~9	独立焦化企业废水总排放口或钢铁联合企业焦化分厂废水排放口
2	悬浮物	50	70	
3	化学需氧量	80	150	
4	氨氮	10	25	
5	五日生化需氧量	20	30	
6	总氮	20	50	

序号	污染物项目	限　值		污染物排放监控位置
		直接排放	间接排放	
7	总磷	1.0	3.0	独立焦化企业废水总排放口或钢铁联合企业焦化分厂废水排放口
8	石油类	2.5	2.5	
9	挥发酚	0.30	0.30	
10	硫化物	0.50	0.50	
11	苯	0.10	0.10	
12	氰化物	0.20	0.20	
13	多环芳烃	0.05	0.05	车间或生产设施废水排放口
14	苯并 [a] 芘	$0.03\mu g/L$	$0.03\mu g/L$	
单位产品基准排水量/$m^3 \cdot t^{-1}$		0.40		排水量计量位置与污染物排放监控位置相同

2.1.2 国外钢铁行业废水排放相关标准

2.1.2.1 欧盟钢铁行业废水排放控制指标

目前国际上一般采用两类技术作为制定排放标准的依据，即最佳经济可行技术（BAT）和最佳实用控制技术（BPT），相比之下，BAT的污染控制能力要强于BPT，但其成本也比较高。美国是采用BPT来制定现有污染源的排放限值，而采用BAT制定新污染源的排放标准。欧盟国家则是直接参考BAT，为了给成员国提供参考，欧洲污染综合防治局为钢铁、石油、造纸等工业编辑了最佳可行技术参考文件（BREFs）。这不仅对节能技术、污染控制技术和生产技术等最佳可行技术做了介绍，还对他们的经济适用性做了分析，并且对一些控制项，如BOD、COD、AOX、VOC、TOC、表面活性剂、酚类、苯类、重金属等给了较为详细的参考值。欧盟非常重视对水资源的保护，对钢铁行业的废水排放控制较严格，不仅规定了钢铁行业各工序废水排放污染物的浓度，如热轧废水的COD排放浓度限制为18~43mg/L、悬浮固体总量（TSS）限制为55~100mg/L，而且对各工序废水排放总量有严格限制，如热轧废水每吨钢排放量控制在0.8~15.3m^3。BREFs所引用的数据，是通过某项技术在企业中的实际应用得到的，例如针对高炉烟气冲洗废水中含有的悬浮物、重金属、氰化物和酚类等污染物，某企业采用冲洗水循环，在废水中加入一定量药剂，经过沉淀池处理后再向自然水体排放的技术，出水的水质指标可以达到表2-8中所述排放值。

表2-8　高炉烟气循环冲洗水经处理后排放值及排放限值

参　数	排放值	排放限值
流量/$m^3 \cdot d^{-1}$	3.387	—
COD/$mg \cdot L^{-1}$	50	—
CN^-/$mg \cdot L^{-1}$	0.7	1.0（总氮）
凯氏氮/$mg \cdot L^{-1}$	133	—

参　数	排放值	排放限值
$H_2S/mg \cdot L^{-1}$	2.2	—
悬浮物$/mg \cdot L^{-1}$	16.1	300
$Zn/\mu g \cdot L^{-1}$	1.051	3000
$Cu/\mu g \cdot L^{-1}$	12.7	500
$Cr/\mu g \cdot L^{-1}$	33.4	300
$Cd/\mu g \cdot L^{-1}$	0	3
$Ni/\mu g \cdot L^{-1}$	39	250
$Pb/\mu g \cdot L^{-1}$	89	100
$Hg/\mu g \cdot L^{-1}$	<0.1	3
$As/\mu g \cdot L^{-1}$	5.7	—
$PAH/\mu g \cdot L^{-1}$	3.1	—

表 2-8 中所列排放限值说明使用 BAT 能够达到的污染排放水平，不同于排放限值，但却是制定排放限值的依据。排放限值与排放值之间的差值是由经济、社会的发展水平等因素决定的，而且排放限值的严格程度也应该在原有的基础上分阶段提高。随着经济发展和社会条件不断改进以及先进技术的普及程度提高，这个差值也应该逐渐缩小。虽然 BAT 可以使污染排放显著降低，但相应污染物去除成本也较高，所以 BAT 一般适用于大型工业企业。目前，欧盟成员国，如德国、荷兰等国家均采用 BAT 方法制定工业废水污染物排放限值（见表 2-9）。以经济上适用的污染物综合治理技术为依据，排放限值也随着人们对环境质量标准要求的日益严格和国家经济技术条件的改善而变化。

表 2-9　欧盟成员国制定危险废物排放限值的方法

国　　家	制定排放限值的方法
奥地利、法国、德国	根据 BAT 按行业制定排放限值
比利时、意大利	根据 BAT 制定统一的排放限值
荷兰	根据 BAT 和水环境质量标准共同制定排放限值

欧盟国家制定实施最佳经济可行技术和最佳实用控制技术，同时在一定程度上将水污染排放标准体系进行完善。行业标准的制定应以先进技术为主要依据，保证经济、技术上的合理性，将先进技术的推广与排放标准的制定密切结合的同时，更要加强对环境质量标准与污染物排放标准之间联系的理论研究，污染综合排放标准可由地方环保部门依据当地的环境质量标准和环境现状来制定。

2.1.2.2　日本钢铁行业废水排放控制指标

20 世纪 70 年代以来，日本实施了水环境标准及相关法律法规，以实现水质标准为目标，以水污染排放标准和相关控制措施为手段，对企业污染物排放进行了监督和严格限值，同时强调保护特殊区域的水环境。日本污染物排放标准的针对性、科学性和可行性是标准顺利实施的前提；有效的法律制度是日本标准实施的保障；日本环保法律对政府、企业、国民的责任和义务有明确规定是标准实施的关键，污染物排放标准的实施主要依靠行政指导，地方政府在标准实施中发挥了灵活性作用。日本环保工作的特点是环境保护的法制化和环境保护的全民化。日本的经验对我国研究污染物排放标准体系及其实施制度有一定的启示作用。日本对钢铁行业的废水排放标准采用三级标准（见表2-10）。

表 2-10　日本钢铁行业废水中污染物排放标准　（mg/L）

标准	COD	BOD$_5$	悬浮物	溶解铁
国家标准	120	160	90	10
地方标准	60	60	90	10
企业标准	20	—	30	3

日本《水污染防治法》要求排水标准分健康项目（有害物质）和生活环境项目两类。同时，允许地方政府根据当地水域的特殊要求，制定地方排放标准。在污染源比较集中的海湾和湖沼等水域，仍有部分水域未能达到水环境质量标准。国家统一排水标准，并实行统一的标准值（不分行业），包括有害物质27项，生活环境项目15项，分别见表2-11和表2-12。对于处理技术难以达到统一标准的行业，执行较为宽松的暂行行业排水标准，并逐步转为执行统一标准。对排放有害物质统一标准不适用的企事业单位，都道府县乃至市镇村均可制定地方排放标准加以限制，且不须报日本环境厅备案。水域总量控制标准由都道府县制定，但环境厅可根据达标的需要，制定指定水域的污染物总量削减方针并以总理府令形式发布。都道府县据此制定总量削减计划，并为每一主要污染源规定总量控制标准。

表 2-11　日本水中有害物质统一排放标准——健康项目　（mg/L）

有害物质	允许限值	有害物质	允许限值
镉及其化合物	0.1	氰化物	1
有机磷农药（限于对硫磷、甲基对硫磷、甲基内吸磷和苯硫磷）	1	铅及其化合物	0.1
六价铬化合物	0.5	砷及其化合物	0.1
总汞	0.005	烷基汞	检不出
三氯乙烯	0.3	多氯联苯	0.003
二氯甲烷	0.2	四氯乙烯	0.1
1,2-二氯乙烷	0.04	四氯化碳	0.02
顺式-1,2-二氯乙烷	0.4	1,1-二氯乙烯	0.2
1,1,2-三氯乙烷	0.06	1,1,1-三氯乙烷	3
福美双	0.06	1,3-二氯化丙烯	0.02
沙草丹	0.2	西玛津	0.03
硒及其化合物	0.1	苯	0.1
氟及其化合物	海域以外为8；海域为15	硼及其化合物	海域以外为10；海域为230
氨、铵化合物、硝酸氮及亚硝酸氮	100①		

①为氨氮（包括铵离子氮）乘以0.4与亚硝酸氮及硝酸氮之和。

表 2-12　日本水中有害物质统一排放标准——生活环境项目①　　　（mg/L，pH 值除外）

生活环境项目	允许限值
pH 值	海域以外为 5.8~8.6；海域为 5.0~9.0
BOD	160(日平均为 120)
COD	160(日平均为 120)
悬浮物	200(日平均为 150)
石油类	5
动植物油	30
酚类	5
总铜	3
总锌	2
溶解性铁	10
溶解性锰	10
总铬	2
大肠杆菌群数	日平均为 3000 个/mL
总氮	120(日平均为 60)
总磷	16(日平均为 8)

①适用于排水量不小于 $50m^3/d$ 的特定工厂。

2.1.2.3　美国钢铁行业排放控制指标

美国《水清洁法》（CWA）的目的是保护美国江河流域及湖泊的水资源免受污染，并且赋予美国环保署（EPA）权利防止水污染。在《水清洁法》中，美国对钢铁企业的废水控制标准采用 3 种技术方法：BAT、BPT 和新源实施标准（NSPS）。这 3 种方法依据不同钢铁企业分别实施或分工序实施，其中 BAT 方法是目前所有排放标准中评价最高的标准体系，它能有效控制各污染物的排放，例如典型污染物酚类和氨氮（见表 2-13）。

表 2-13　美国钢铁企业废水排放标准（BAT 部分）　　　（mg/kg）

工序	酚类		氨氮	
	单日最大值	连续 30 日均值	单日最大值	连续 30 日均值
焦化	0.0638	0.0319	54.3	16.0
烧结	0.100	0.100	15.0	5.01
炼铁	0.0584	0.0292	87.6	2.92
炼钢	—	—	—	—
轧钢	—	—	—	0.026

美国钢铁工业生产不同工序废水中的悬浮物具体排放限值见表 2-14。

表 2-14   美国钢铁工业不同工序废水中的悬浮物排放限值   (kg/t)

工序	单日最大值	连续 30 日均值	工序	单日最大值	连续 30 日均值
炼焦	0.253	0.131	盐除锈	0.204	0.0876
烧结	0.0751	0.025	酸渍	0.0818	0.035
炼铁	0.0782	0.026	冷轧	0.00125	0.000626
炼钢	0.0312	0.0104	碱洗	0.073	0.0313
真空除气	0.0156	0.00521	热喷涂	0.175	0.0751
连续浇铸	0.078	0.026	其他	0.00998	0.00465
热轧	0.15	0.0561			

美国 BPT 对钢铁工业各工序废水中的石油类污染物排放标准见表 2-15。

表 2-15   美国钢铁工业各工序废水中的石油类污染物排放标准   (kg/t)

生产工序	单日最大值	连续 30 日均值
炼焦	0.0327	0.0109
烧结	0.0150	0.00501
连铸	0.0234	0.0078
热轧	0.0107~0.0894	—
酸渍	0.0113~2.45	0.00375~0.819
冷轧	0.000522~0.0417	0.000209~0.0167
碱性清洗	0.0313~0.0438	0.0104~0.0146
热镀	0.0751~16.3	0.0250~16.3

美国不同废水控制标准对钢铁工业各工序废水中氰化物排放标准的规定见表 2-16。

表 2-16   美国钢铁工业各工序废水中的氰化物排放标准   (kg/t)

工序		最佳经济可行技术（BAT）		最佳实用控制技术（BPT）		能源实施标准（NSPS）	
		单日最大值	连续 30 日均值	单日最大值	连续 30 日均值	单日最大值	连续 30 日均值
炼焦		0.00638	0.00351	0.0657	0.0219	0.00638	0.00351
烧结		0.00300	0.00150			0.00100	0.00501
炼铁 （鼓风炉）	炼铁	0.00175	0.000867	0.0234	0.00782		
	锰铁			0.0469	0.0156	0.00584	0.000292
盐浴除锈 （还原法）	间歇	0.00102	0.000339	0.00102	0.000339	0.00102	0.000339
	连续	0.00569	0.00190	0.00569	0.00190	0.00569	0.00190

美国不同废水控制标准对钢铁工业各工序废水中铬排放标准的规定见表 2-17。

表 2-17　美国钢铁工业各工序废水中的铬排放标准　　　（kg/t）

工序		BAT		BPT		NSPS	
		单日最大值	连续 30 日均值	单日最大值	连续 30 日均值	单日最大值	连续 30 日均值
盐浴除锈	氧化	0.00102~0.00709	0.00339~0.00284	0.00138~0.00709	0.000551~0.00284	0.00102~0.00709	0.000339~0.00284
	还原	0.00136~0.00759	0.000542~0.00304	0.00136~0.00759	0.000542~0.00304	0.00136~0.00759	0.000542~0.00304
组合酸渍		0.000960~0.0819	0.000384~0.0327	0.000960~0.0819	0.000384~0.0327	0.000167~0.0819	0.0000667~0.0327
冷轧		0.0000209~0.00167	0.0000084~0.000668	0.0000209~0.00167	0.0000084~0.000668	0.0000209~0.00167	0.0000084~0.000668
热镀（Cr^{6+}）		0.000150~0.00490	0.0000500~0.00163	0.000150~0.0327	0.0000500~0.0109	0.0000376~0.00490	0.0000125~0.00163

美国不同废水控制标准对钢铁工业各工序废水中氨氮排放标准的规定见表 2-18。

表 2-18　美国钢铁工业各工序废水中的氨氮排放标准　　　（kg/t）

工序		BAT		BPT		NSPS	
		单日最大值	连续 30 日均值	单日最大值	连续 30 日均值	单日最大值	连续 30 日均值
炼焦		0.0543	0.0160	0.274	0.0912	0.0543	0.0160
烧结		0.0150	0.00501			0.0150	0.00501
炼铁（鼓风炉）	炼铁	0.0876	0.00292	0.161	0.0537	0.0876	0.00292
	锰铁			1.29	0.429		

美国不同废水控制标准对钢铁工业各工序废水中锌排放标准的规定见表 2-19。

表 2-19　美国钢铁工业各工序废水中的锌排放标准　　　（kg/t）

工序	BAT		BPT		NSPS	
	单日最大值	连续 30 日均值	单日最大值	连续 30 日均值	单日最大值	连续 30 日均值
烧结	0.000676	0.000225			0.000676	0.000225
炼铁（鼓风炉）	0.000394	0.000131			0.000394	0.000131
酸洗	0.000225~0.0491	0.000751~0.0164	0.000225~0.0491	0.000751~0.0164	0.000225~0.0491	0.000751~0.0164
冷轧	0.0000063~0.000501	0.0000021~0.000167	0.0000063~0.000501	0.0000021~0.000167	0.0000063~0.000501	0.0000021~0.000167
热镀	0.00150~0.327	0.000500~0.109	0.00150~0.327	0.000500~0.109	0.00150~0.327	0.000500~0.109

目前我国各行业及城市水污染排放标准，总体上严于发达国家制定实施的水污染物排放标准，但在实施的针对性、社会经济合理性方面还需学习借鉴发达国家的经验和做法，也需要把先进污染控制技术标准、地区环境污染控制现实需求与企业经济运行承受能力进行有机结合。对特征污染物和环境质量有特殊要求的地区，企业排放的特征污染物应实施最佳技术控制标准，把经济社会发展的阶段性和技术进步合理性相结合。

我国已借鉴欧美日等国家的方法，决定自 2018 年起在北京、天津和 26 个重点城市实施超低排放标准。

2.2 钢铁行业各工序水污染控制现状

目前我国钢铁行业废水污染控制技术总体发展水平可从以下几个方面阐述：

（1）掌握了料场废水、烧结废水、高炉煤气洗涤水、高炉冲渣水、转炉烟气除尘废水等相关废水处理技术，保证了污染废水有效防控和达标排放，但在水处理技术综合集成、焦化和冷轧废水深度高效处理，水处理工艺经济稳定性方面还存在不足。

（2）采矿、烧结、炼铁、炼钢、连铸、轧钢等工艺废水与设备冷却水已初步实现循环利用，水质稳定技术尚存在差距，需进一步加强钢铁行业水污染全过程治理技术集成、水分级分质与循环利用以及全局优化。近年来干法熄焦、高炉/转炉干法除尘、焦煤调湿等新技术的推广应用，极大地减少了废水产生量和循环水的用量。

（3）轧钢乳状油废水处理和破乳技术，膜处理废水技术以及废酸回收技术等，通过多年努力均取得了一定的进展，但含油污泥脱水、国产有机超微滤膜的适用性和纳滤、反渗透等高端膜组件的国产化供应等方面有待进一步解决。

20 世纪 90 年代以来，我国钢铁企业在先进环保技术开发和应用上取得了显著成效，在废水处理和循环利用方面有一定进步。目前发达国家吨钢产品的新水消耗量为 3.2～8.4m^3，我国重点钢铁企业的吨钢产品新水消耗量已从 2000 年的 25m^3 降低至 2019 年的 2.56m^3，较 2000 年大幅下降 89.8%。新水消耗量快速降低的同时，废水排放量也在逐步降低，这是我国钢铁行业最显著的进步。此外，随着行业技术发展，废水治理技术取得一定进展，钢铁企业水回用率也在逐步提高。但与其他发达国家相比，我国钢铁行业技术不均衡问题严重，部分企业在废水净化、水质稳定与回用等技术上还存在较大差距，废水治理深度不够，废水深度处理替代技术和水污染控制标准及规范还不够完善，在活性污泥技术、氧化塘技术、湿式氧化技术、生物转盘技术、深度处理技术等方面与英、美、德等国相比有一定差距，生物膜技术、中水处理技术、消毒技术等方面与日本相比存在差距，厌氧生物处理技术（如 UASB、EGSB 等）与荷兰等欧洲国家相比存在差距，部分钢企在水质稳定技术方面（水处理药剂、低废无废技术）与美、日、德、法等国相比有一定差距。

为了进一步降低钢铁行业水污染，提高水资源利用率，我国正在采取一些积极措施，包括：产业结构调整淘汰部分落后产能，缓解产能过剩；发展清洁生产技术，减少废水产生量；制定新的排放标准，引领行业水污染治理水平；提出各项钢铁行业污染防治最佳可行技术导则等。

2.2.1　采矿和选矿废水处理

2.2.1.1　采矿废水处理

采矿废水主要含金属离子，最常用的处理方法为中和法和硫化法，基本原理均是通过外加药剂与废水中金属离子发生反应沉淀而分离去除。

（1）中和沉淀法是在反应池中加入碱性中和剂进行混合，发生中和反应和氧化反应，将 Fe^{2+} 氧化生成 $Fe(OH)_3$ 经沉淀去除。优点是反应速度快，处理成本低；占地面积小、投资低，排泥量小且污泥含水率低，出水水质好。但中和反应后会产生泥渣，存在二次污染。该方法适用于各种规模的矿山酸性废水治理。

（2）硫化沉淀法是利用硫化物与金属元素产生难溶性沉淀物去除金属的处理方法，也具有反应速度快、占地面积小、可选择性回收重金属的优点。缺点是成本较高，处理酸性废水时易生成有毒 H_2S。适合各种规模含较高浓度重金属的废水治理。

根据企业废水实际情况，也可将硫化沉淀法和中和沉淀法联用，工艺流程如图 2-1 所示。这种方法可回收高品位金属副产品，同时减少中和处理法对环境的影响，降低石灰废渣的金属含量，提高出水水质。

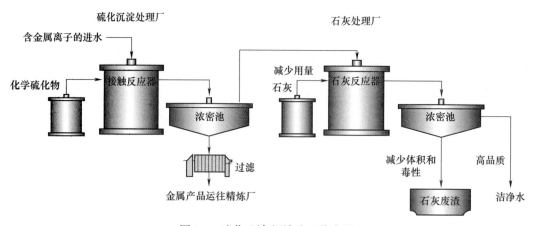

图 2-1　硫化-石灰沉淀法工艺流程

2.2.1.2　选矿废水处理

选矿过程产生的废水是造成矿山环境污染的主要因素之一，所含的污染物主要有固体悬浮物、重金属离子、浮选药剂及油污等，如不经治理直接排放，将会对厂区周边及下游地区的河流、土壤、农田、湿地等产生破坏性影响，并最终危害人类健康，因此有效治理和循环利用选矿废水非常必要。一般而言，选矿厂生产过程中的所有外排水统称为选矿废水，具体包括：

（1）洗矿废水：含有大量细粒级的矿泥和少量矿石颗粒。

（2）破碎系统废水：主要含有矿石颗粒，经沉淀后可回用。

（3）设备冷却废水：包括破碎机、球磨机的冷却水和真空水泵的水封水，水量较小，污染物主要为油性物质，经处理后可循环利用。

（4）重选和磁选废水：主要含有矿物颗粒和悬浮物，澄清后基本可全部回用。

（5）浮选废水：主要来源于精矿、尾矿通过浓密、过滤两段脱水工艺后产生的溢流水及尾矿库溢流水，含有浮选药剂及少量悬浮物。

对于需要综合存储和特殊处理的选矿废水，处理技术包括自然沉降、化学氧化、加药沉降（中和沉淀、混凝沉淀）、离子交换、活性炭吸附、电渗析和人工湿地法等，其中，自然沉降法、化学氧化法和混凝沉淀法应用最普遍。

（1）自然沉降法是将废水打入尾矿坝（或尾矿池、尾砂场）中，利用宽广的场地使废水中悬浮物自然沉降，并使易分解的物质自然氧化降解，发生沉淀、水解、氧化、挥发以及生物分解等作用，使悬浮颗粒和残余药剂浓度降低，甚至基本去除。该方法具有处理成本低、适用性广、管理方便、无二次污染等优点。缺点是占地面积大、可能净化不彻底、耗时长、受气候等自然因素影响大。特别在高寒地区，往往会因为净化效率较低影响废水的循环利用，而且对某些金属无效果。因此自然沉降净化可作为选矿废水的预处理工艺，或用于污染成分简单的废水治理。

（2）中和沉淀法是向尾矿水中投加石灰，可与选矿过程中加入的分散剂水玻璃反应生成硅酸钙沉淀物，同时与悬浮固体共同沉淀而使废水净化。优点是反应速度快，占地面积小，出水水质好，排泥量小，适应性较强，运行稳定，污泥含水率低，投资少且处理成本低。缺点是中和反应后产生泥渣，设备及管壁结垢严重，存在二次污染。

（3）混凝沉淀法是目前治理选矿废水较成熟的一种方法，常与其他方法联用。其基本原理是混凝剂通过电性中和、双电层压缩作用、凝聚物网捕-共沉淀作用、高分子桥连卷带作用，使废水中分散的胶体颗粒脱稳，继而凝聚成大颗粒絮体沉淀下来。为了改善沉淀效果，在不同处理阶段投加各种药剂：如投加适量的无机混凝剂，如硫酸亚铁或高分子絮凝剂聚丙烯酰胺（PAM）；为降低化学耗氧量，投加氯气进行氧化处理，亦可加酸使硅酸钠转化为具有絮凝作用的硅酸，从而改善沉降效果。混凝沉淀法可有效去除选矿废水中的悬浮颗粒和一些重金属离子，是一种成熟、稳定且高效的选矿废水治理方法。该方法具有操作管理方便、效果好、成本低、水质适应性强、药剂来源广等优点，但也存在有机化学药剂净化不彻底，因药剂用量过大容易产生二次污染等问题。

（4）化学氧化法是深度处理选矿废水中残留浮选药剂的有效方法，特别是高级氧化技术能够彻底去除废水中持久性难降解有机污染物。主要采用氧化剂或产生的活性氧化物将有机污染物氧化成无毒或低毒的小分子物质，或转化成容易从水中分离的其他物质。常见的氧化剂有臭氧、双氧水、次氯酸钠等。化学氧化法具有操作稳定、反应彻底、处理效率高并能提高废水的可生化性等特点，主要的缺点是运行费用较高。

（5）人工湿地法是仿照自然湿地，人工修建并参与监督控制的具有流动或静止水体的浅水水域，以基质-植物-微生物为核心的综合生态系统。可以通过基质截留、过滤、吸附、植物吸收、微生物分解等途径去除废水中的污染物，充分发挥物理、化学和生物的协同作用。为治理选矿废水提供了一条绿色化、生态化的技术路线，符合我国的基本政策，值得广泛推广。主要的缺点是基质容易堵塞、占地面积较大、受气候等因素干扰较大等。

（6）光催化氧化法作为一种新型废水治理技术，因具有绿色节能的特点成为选矿废水治理领域研究的热点，但氧化实际废水的效率较低，且对光源投入较高，还需要进一步提升技术水平。

2.2.2　烧结工序废水处理

烧结系统外排废水特征与用水特征紧密相关，只有掌握了各种用水的特征及其水质、水温变化，从系统的角度来考虑水的运行路线，才能合理地组织水量平衡，制定正确的供排水方式。只有了解烧结废水的特征，才能准确、完整地确定烧结废水处理工艺及废水回用技术方案。烧结废水主要特性包括：

（1）烧结系统外排废水的水量、水质的不均匀性。烧结系统的物料添加水量与喷洒水量约占系统总用水量的25%左右，工艺设备一般冷却用水量则占用水总量的50%左右。但烧结系统外排废水中很大部分为冲洗地坪排水，而这部分排水有很大的随机性，一般表现为：按季节划分，冬季排水量小；按日划分，每天交接班时排水量大，其他时间排水量小。正是由于外排废水量不均匀，如不进行适当调整，将严重影响净化构筑物及输送系统的可靠性，处理后水质也会产生很大波动。因此从加强烧结工艺生产的角度，应考虑加大调节池容积，使之能容纳最大生产班次的冲洗水量，然后较均衡地向处理设施输送处理。

（2）烧结系统外排水中矿物含量高，有较好的回收利用价值。烧结系统外排废水中以挟带固体悬浮物为主，含有大量粉尘。粉尘中含铁量为40%~50%，并含有14%~40%的焦粉、石灰粉等，有较高的回收价值。因此烧结矿的外排废水必须治理，以保证排水管道不发生堵塞，减少水体污染，也是湿式除尘设备正常运转及水力冲洗地坪正常工作必不可少的环节。

（3）烧结系统污泥粒径小，黏度大，渗透性小，脱水困难。烧结系统废水中固体物的综合密度一般为2.8~3.4t/m³，污泥黏度较大难以脱水。因此烧结系统的污泥脱水是一个关键的技术问题。

烧结系统处理废水的目的，一是要对处理后的废水循环利用，二是要对沉淀的固体矿泥进行综合回收。首先应从工艺和设备上改革，以消除污染源，采用先进的处理技术，减少外排废水量；提高循环用水率与串级使用率，减少废水量。其次，应以加强烧结生产工艺设备运行管理为基础，从源头上控制和减少扬尘点，将地坪冲洗和抑尘水与设备冷却用水分开管理，加大调节池容积，做到内部循环使用，冷却用水独立循环严防粉尘和废油脂进入循环系统。

2.2.2.1　净循环系统废水处理

净循环水的水质对工艺设备的安全平稳运行和产品质量有直接的影响，净循环系统水处理的关键是解决水质稳定问题。由于净循环系统设备冷却水在冷却塔中产生蒸发，混入杂物并充氧，会导致腐蚀、结垢和泥垢现象，需要对冷却水进行水质稳定处理。即在系统中投加缓蚀剂、阻垢剂和杀菌灭藻剂，同时补充部分新水，以保持水质稳定。

抑制腐蚀的方法有两种，一种是投加药剂通过化学反应在金属表面生成一层均匀的薄膜，并在水中不断补充药剂，以修补可能被水流冲刷而损坏的保护薄膜，也称作加药法；另一种是将 pH 值调整至碱性，使成垢盐类结晶析出覆盖在金属表面，对金属起到保护作用。但结垢难以保证覆盖均匀，故光靠调整 pH 值，很难保证防腐效果。

抑制水垢最理想的办法之一，就是减少水中的成垢离子。可以通过提高补充水水质或采用低浓缩倍数运行来达到，但有时受水源条件的限制或成本太高而难以实行。另外还可以调整 pH 值，增大成垢盐类的溶解度，但这不利于防腐。因此最合适的方法还是通过加入药剂，减少结晶或使结晶分散。

抑制泥垢最切实可行的方法是添加杀菌灭藻剂和分散剂，杀菌灭藻并防止泥垢沉积。为了除去菌藻的遗体，可对部分循环水进行旁滤。此外，还可通过避光中止藻类的光合作用，一般在冷却塔的配水槽和冷热水池上加盖避光。另外采用超声除垢技术也能减少换热面水垢的生成。

2.2.2.2 浊循环系统废水处理

烧结系统浊循环废水是指来自湿式除尘器排水、胶带机冲洗水和清洗地坪时的排水等。该废水经沉淀后污泥含铁品位较高，但粒径很细，且石灰粉含量较高，黏度较大，故脱水困难。因此烧结废水处理的目标是去除悬浮物，技术难点是污泥脱水。只要解决这一环节，烧结废水回用和污泥综合利用就能圆满实现，并获得显著的经济效益。但是，污泥脱水技术至今仍未取得大的突破。烧结系统废水处理的难点是泥浆脱水技术，因为烧结生产工艺要求加入混合配料的污泥含水率应不大于 12%，需要创新应用新技术提升污泥脱水效果。从浓缩池的浓泥斗排下污泥，通过返矿皮带送入混合机，由于泥浆浓度难以控制，给混料带来困难。采用压滤机进行污泥脱水，也只能使脱水后的污泥含水率达到 18%~20%，难以达到 12% 的混合料要求。因此解决途径分为三种：一是提高过滤、压滤工艺效果，进一步提高脱水率；二是研制更适用的絮凝剂、脱水剂，提高脱水机的脱水效果；三是将污泥制成球团，再直接用于冶炼。

2.2.3 炼焦系统废水处理与回用

焦炭在高炉中的主要作用是将铁的氧化物还原成铁单质，还可充当燃料，提供骨架作用让气体自由通过高炉料层。焦化废水主要来自焦炉煤气初冷、焦化生产过程中的熄焦废水以及蒸汽冷凝废水。焦化废水中含有较高比例的苯酚及其衍生物，以及少量多环芳烃。这些有机污染物不但难降解，还是强致癌物质，对环境造成严重污染，也直接威胁人类健康。

由于生化处理系统的微生物适应性都很脆弱，过高、反复的冲击负荷或过高浓度毒性物质不断冲击，会导致微生物抑制或死亡，处理系统就会崩溃，这是我国焦化废水生化处理系统不能长期正常运行的根本原因。因此开发一种高效经济的焦化废水处理技术与回用途径，是今后较长时间内的重要研究方向。

焦化废水处理不仅追求达标排放，也要考虑处理后如何回用的问题。不仅关注单项处理技术是否先进，还要综合研究回用或消纳过程污染物转移与危害的问题。由于焦化废水成分复杂，有害有毒有机物较多，即使处理达标，对环境的危害也大于其他废水，因此对焦化废水的处理要重视下列几个问题：

（1）对生产工艺的影响。焦化废水具有较强腐蚀性，必须重视对相关设备的影响，以及焦化废水中的复杂成分对产品质量的影响。

（2）对环境的影响。焦化废水回用过程避免污染物转移或产生二次污染，不允许将污染物转移到其他循环系统中。

（3）对人体健康的影响。应密切关注焦化废水回用工序或消纳途径周围的环境，工作人员的健康问题与保护措施。

综合分析钢铁联合企业供水与用水特点和要求，焦化废水的回用或消纳途径包括：

（1）熄焦。焦化废水熄焦是消纳焦化废水的主要途径。但在此过程中焦化废水中的部分有机物随蒸汽进入大气环境，部分有机物以灰分形式残留在焦炭中，对周围水体、地面环境及焦炭品质均会造成影响。

（2）高炉冲渣。与熄焦过程相似，部分有机物进入大气，部分有机物进入高炉渣中，使冲渣周围环境恶化。

（3）烧结配料。烧结配料用水消纳数量有限，理论上，高温烧结可以将有机物转化为二氧化碳和水，可以实现无毒化处理，但目前尚无具体案例和数据支持。

2.2.4　高炉煤气洗涤废水和冲渣废水处理

2.2.4.1　高炉煤气洗涤废水处理

高炉煤气洗涤水是炼铁厂清洗和冷却高炉煤气产生的废水，含有大量的悬浮物，主要成分为铁矿粉、焦炭粉和一些氧化物，除此之外还包括酚氰、硫化物、无机盐以及锌金属离子等物质。高炉煤气洗涤水一般都会设置循环供水系统，废水经过沉淀、冷却等工序后循环利用。高炉煤气洗涤水的处理原则应从经济运行、节约用水和保护水资源三方面考虑，对废水进行适当处理，最大限度地循环使用。高炉煤气洗涤水处理工艺主要包括沉淀（或混凝沉淀）、水质稳定、降温（有炉顶发电设施的可不降温）、污泥处理四部分。国内常用的工艺流程有如下三种：

（1）石灰软化-碳化法。污水经加药混凝沉淀后，出水一部分送往冷却塔，一部分加入石灰进行软化，后进行碳化处理。缺点是设备不易维护、现场环境差、指标不易控制，并且人工维护成本高。

（2）化学试剂法。洗涤煤气后的废水经沉淀池进行混凝沉淀，在新沉淀池出口管道上投加阻垢剂，阻止碳酸钙结垢，同时防止氧化铁、二氧化硅等结合成水垢，再使用药剂调节 pH 值。这种方法适用性广，阻垢效果好，但是成本较高。

（3）酸化法。在污水循环系统中加入定量的硫酸或盐酸，有效控制碳酸盐硬度，从而阻止结垢。这种方法腐蚀加酸管道、排污量大、设备维护困难，但工艺简单，运行费用低。

高炉煤气洗涤水中的悬浮物粒径范围主要分布在 $50\sim600\mu m$，因此主要利用沉淀法去除悬浮物，高炉煤气洗涤水在沉淀处理时，沉淀池的下部沉积了大量污泥，主要成分为铁、焦炭粉末等有用物质。将这些污泥加以处理回收高品位的尘泥，相当于精矿粉的有用物质。对于高炉煤气沉淀污泥的处理，通常是污泥浓缩、压滤或真空过滤脱水。对于锌含量很高的污泥，还可回收锌等有用物质。高炉污泥含铁量很高，若作为烧结球团的原料返回高炉使用，是既经济又利于环保的炼铁原料。但由于污泥中常含有一定比例的锌和碱金属，含锌量超过高炉入炉要求时，大部分锌在炉内高温作用下可挥发进入到高炉煤气除尘水系统；少部分锌会黏结在高炉炉衬壁上，造成高炉炉内锌含量富集侵蚀高炉耐火砖块，影响高炉炉况和使用寿命。因此世界各国都在极力研究含锌污泥的处理，我国钢铁工业领域含锌污泥利用率很低，脱锌技术没有太大进展，大部分含锌污泥由于锌含量超过回收指标而废弃堆积，或送到水泥厂用作原料。而从根本上解决的措施则是采用高炉煤气干法除尘技术。

2.2.4.2 高炉冲渣废水处理

高炉冲渣废水处理工艺中，除渣池水淬法外，都存在渣水分离后对废水的处理问题。冲渣废水处理，主要针对悬浮物和高温。对于冲渣废水的悬浮物应该视其水冲渣工艺而定，设计手册曾规定冲渣水悬浮物的浓度小于 400mg/L，实际应改为小于 200mg/L 为宜，如果能处理到小于 100mg/L 则更好。水中悬浮物的质量浓度越低，对设备和管道的磨损就越小，冲渣及冷却塔喷嘴堵塞的可能性也越小，可以省去大量的检修维护时间和相关费用，保证冲渣水的连续生产。关于冲渣水的温度控制目前还没有统一的标准。一种看法是：因为冲渣水要与 1400℃ 左右的红渣直接接触，因此水温的影响不大。尽管冲渣后的水温能达到 90℃ 以上，但在渣水分离以及净化过程中，水温可以自然平衡在 70℃ 左右。即使不处理，对水渣的质量影响也不明显，因循环水对水质要求低，经渣水分离后即可循环。温度高也不会影响炉渣，因此冲渣水系统一般设计为只有补充水而无排污的循环系统，如图 2-2 所示，因此也可认为冲渣废水不需要冷却。另一种看法是：冲渣供水温度高时，对水渣质量有影响，而且高水温，冲渣时会产生渣棉，影响环境，因而应该对水温进行处理。实际生产中有设置冷却塔处理水温的，也有不设冷却构筑物的。从保护环境的角度看，尽管渣棉不多，但毕竟属于危害物质，仍应处理水温。

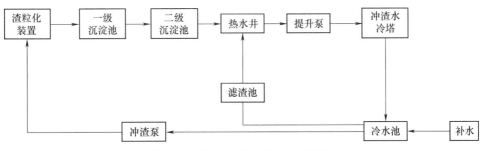

图 2-2 高炉冲渣废水处理工艺流程

高温液态炉渣是一种可利用余热资源，国内外多家研究院所和企业对高炉渣余热利用已进行了长期的研究，高炉渣余热回收利用技术和设备目前已到了应用阶段，20 世纪 80 年代我国高炉冲渣水余热利用已有成功的应用案例。近年来随着低温余热利用技术及其装备的不断进步，高炉冲渣水余热利用已经到了经济开发利用阶段，应用项目不仅有显著经济效益，还有节能减排效果，目前在我国太钢、河钢、鞍钢等企业利用冲渣余热水进行冬季供暖和非采暖季节产生饱和蒸汽预热锅炉用水，已有成功的示范项目。

2.2.5　转炉煤气洗涤废水处理

转炉除尘废水的处理目的是循环回用，最终达到闭路循环。然而沉淀污泥因含铁量较高，一般需要经过脱水后再回用。因此转炉除尘废水处理的关键是：首先在于悬浮物的去除；二是需要解决水质稳定问题；三是污泥的脱水与回用。

（1）悬浮物去除。转炉除尘废水中的悬浮物若采用自然沉淀法，虽然可以将悬浮物含量降低到 150~200mg/L 的水平，但循环使用效果较差，故需强化沉降。目前一般在辐射式沉淀池或立式沉淀池前投加混凝剂，或先使用磁力凝聚器将悬浮物磁化后进入沉淀池。较为理想的方法是除尘废水进入水力旋流器，利用重力分离的原理将大颗粒的悬浮颗粒除去，以减轻沉淀池的负荷。废水中投加聚丙烯酰胺，即可使出水中的悬浮物含量降低到 100mg/L 以下，使出水正常循环使用。因为氧化铁属于铁磁性物质，可以采用磁力分离法对悬浮物进行处理。目前磁力处理的方法主要有三种，即预磁沉降处理、磁率净化处理和磁盘处理。预磁沉降处理是使转炉废水通过磁场磁化后再使之沉降。磁率净化处理可采用装填不锈钢毛的高梯度电磁过滤器，废水流过过滤器，悬浮颗粒即吸附在过滤介质上。磁盘分离器是借助于由永磁铁组成的磁盘的磁力来分离水中悬浮颗粒。水从槽中的磁盘间通过，磁盘逆水转动，水中的悬浮物颗粒吸附在磁盘上，待转出水面后被刮泥板刮去，废水得到净化。

（2）水质稳定问题。由于炼钢过程中必须投加石灰，在吹氧时部分石灰粉尘还未与钢液接触就被吹出炉外，随烟气一道进入除尘系统。因此除尘废水中钙离子含量较高，与溶入水中的二氧化碳反应，致使除尘废水的暂时硬度较高，水质失去稳定。采用在沉淀池后投入分散剂的方法，在耦合、分散的作用下可防垢、除垢。除此之外，投加碳酸钠以及利用高炉煤气洗涤水与转炉除尘废水混合处理，均是保持水质稳定的有效方法。总之，保持水质稳定的方法应根据生产工艺和水质条件，因地制宜选取最有效、最经济的方法。

（3）污泥脱水与回用。经过沉淀的污泥必须进行处理与回用，否则转炉废水密闭循环利用的目标就无法实现。转炉除尘废水污泥含铁达 50%~70%，具有很高的应用价值。处理这种污泥与处理高炉洗涤水的瓦斯泥一样，国内一般采用真空过滤脱水的方法，但因转炉烟气净化污泥颗粒较细，含碱量大，透气性差，该法脱水效果较差，目前已经很少使用。采用压滤机脱水，通常脱水效果较好，滤饼含水率较低，但设备费用较高，脱水的污泥通常制作成球团回用。

转炉尘泥的利用主要有以下几种途径：转炉尘泥喷浆法用于烧结配料，转炉尘泥压力过滤法用于烧结配料，转炉污泥制作冷固球团以及转炉尘泥用于转炉炼钢造渣剂。

2.2.6　轧钢工序废水处理

2.2.6.1　热轧废水处理技术

热轧废水治理应该主要解决两方面的问题，一方面是通过多级净化和冷却，提高循环水的水质以满足生产上对水质的要求，同时减少排污和新水的补充量，提高水的循环利用效率；另一方面是回收已经从废水中分离出的氧化铁皮和油类，以降低其对环境污染。因此完整的热轧废水处理系统应该包括废油回收，对二次铁皮沉淀池和过滤器分离的氧化铁皮浓缩、分离。完整的热轧厂的给排水系统，一般均包括净环水和浊环水两个系统。净环水用于设备的间接冷却，如空气冷却器、油冷却器等，与一般的循环水系统无明显差别，浊循环水系统用于直接冷却。热轧的浊环水系统的废水治理一般应该遵循在线使用，在处理过程中，细颗粒铁皮、污泥与油类分离。热轧废水中所含的油大多数在沉淀构筑物内分离并进行回收，少量油分通过过滤器净化。热轧厂的含油废水治理及废油回收技术在钢铁厂具有代表性，热轧废水治理的难点和重点不在于沉淀和过滤，而是含油废水治理、回收及细颗粒含油氧化铁皮的浓缩、脱水治理。

热轧冷却废水主要采用传统三段式处理技术，如图 2-3 所示，处理系统的主要设备有：初沉池（旋流沉淀池）、二次沉淀池（平流沉淀池）、过滤器、冷却塔、刮渣机、撇油机及其他配套设施。"二次沉淀+过滤"可去除废水中大部分氧化铁皮和泥砂，处理后的废水中悬浮物含量不超过 20mg/L，油含量不超过 5mg/L，可回用至对水质要求不高的工段。一套处理能力为 1000m³/h 的系统，占地面积为 1000~3000m²，总投资约为 600~800 万元，运行维修费用约为 200 万~250 万元（用电、滤料、滤布、药剂及配件等费用）。

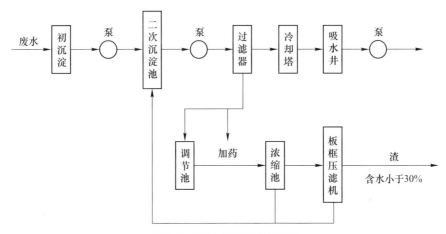

图 2-3 三段式处理技术流程

热轧浊循环水系统常用的净化构筑物，按处理程度不同分为不同的组合，但都要保证循环使用条件。常见的处理工艺流程有：一次沉淀工艺、二次沉淀工艺、沉淀-过滤-冷却工艺、沉淀-除油-冷却工艺和稀土磁盘处理热轧废水工艺。

热轧产生的含油废水、废油及含油废渣，大都来源于热轧浊循环水系统、地下油库排出的浮油或油水混合物，以及从污泥脱水系统产生的含油氧化铁皮或滤饼。这些含油废水废渣与其他工序产生的同类废料，分别采用含油废水废渣处理系统、废油再生处理系统、含油泥渣焚烧处理系统进行集中处理。其中含油废水废渣处理系统包括混凝-气浮与脱水处理工艺和活性氧化铁粉除油处理工艺。含油废水用管道或槽车排入含油废水调节槽，静置分离出油和污泥。浮油排入浮油槽，待废油再生利用。去除浮油和污泥的含油废水经混凝沉淀和加压上浮后得到净化，可以进行重复循环利用或外排，上浮的油渣排入浮渣槽，脱水后成为含油泥饼。活性氧化铁粉是烃基、羧基、铁和氧化铁的混合物，该类物质能够有效地去除轧制废水中的分散油和乳化油。其特点是廉价高效，无毒安全，处理的油渣能从废水中分离出来，通常采用与磁力压榨脱水工艺相结合。活性氧化铁粉的制备是将一定比例的泥炭、氧化铁皮粉末和皂类活性剂混在一起，隔绝空气进行干馏接种。由于活性氧化铁粉是经活化后带有烃基、羧基基团的复合物质，其性能不仅容易被磁化，并且具有亲油的性质。在轧制废水中能迅速吸附不同粒径和状态的油类，然后在稀土磁盘的流道内被磁盘吸附，从而达到除油的目的。该工艺对油的平均去除率为94%左右。

热轧系统的浊环水处理系统，采用自然沉淀、混凝、过滤等处理方式，可以满足热轧工艺对浊环水的水质要求，但如何将分离的氧化铁皮从系统中排除并加以回用，是一项重要的技术内容。沉淀于一次铁皮坑和旋流沉淀池的氧化铁皮，由于颗粒较大，一般用抓斗取出后，通过自然脱水就可以进一步回收利用。从二次沉淀池和过滤器分离的颗粒氧化铁皮，采用药剂絮凝浓缩，磁分离或经过真空过滤机、板框压滤机和滤饼脱油后回用。

国内已有企业创新应用了在线微米气泡气浮除油技术，将热轧沉淀池细粒铁鳞尘泥的含量降到2.5%以下，为热轧产生的铁鳞粉再利用奠定基础，解决了热轧废水除油和油泥处理的难题，对企业具有显著的经济和环境效益。

2.2.6.2　冷轧含油废水和乳化液废水处理技术

冷轧含油废水和含乳化液废水主要来自冷轧机机组、磨辊间和带钢脱脂机组以及各机组的液压油泵站及油库排水等。既有游离态油，也含有乳化油，主要是润滑油和液压油。废水排放量较大，成分波动也较大。含油和乳化液废水化学稳定性高，但处理难度较大。含油废水来源不同，水体中油污染物的成分和存在状态也不同，直接影响处理方法的选择。油在水体中存在形式大致有悬浮油、分散油、乳化油和溶解油4种，见表1-17，其中不同形式的污染物需要采用不同的方法进行去除：

（1）悬浮油主要采用隔油池去除，也可以采用分离法、吸附法、分散或凝聚法等去除。

（2）分散油可聚集成较大的油珠转化成悬浮油，也可能在自然和机械作用下转化成乳化油，可以采用粗粒化方法去除。

（3）乳化油通常由于体系相对稳定，较难处理。目前面临的问题主要是破乳和COD的降解，一般采用浮选、混凝、过滤等处理方法。

（4）溶解油难以自然分离，可采用吸附、化学氧化及生化方法去除。

除上述4种常见的油污染物，当水体中的油吸附在固体悬浮物的表面还会形成油-固体物，可采用分离法去除。

对于含油及乳化液废水的处理方法和技术，其处理手段大体以物理法分离，以化学法去除，以生物法降解。含油废水处理难度较大，往往需要多种方法组合使用，包括重力分离、离心分离、油剂抽提、气浮法、化学法、生物法、膜法、吸附法等。含油废水常采用的工艺为用隔油法去除悬浮态油，用气浮法去除乳化态油，用生物法去除溶解态油和绝大部分有机物。按处理原理，可分为物理法、化学法、生物法等。

（1）物理法：包括重力分离法、粗粒化法、过滤法、膜分离法等。具体的使用设备有隔油池、过滤罐、粗颗粒罐、油水分离器、气体悬浮器等。

（2）物理化学法：包括浮选法、吸附法、凝聚法、盐析法、酸化法、磁吸附分离法或几种方法联合处理等。

（3）化学法：包括化学破乳、化学氧化法。其中化学氧化法有空气氧化法、臭氧氧化法、氯氧化法、高锰酸钾氧化法和双氧水氧化法等。

（4）电化学法：包括电解法、电磁吸附分离法等。

（5）生物处理法：有接触氧化法、活性污泥法、厌氧氧化法、生物膜法和氧化塘法等。

（6）其他方法：包括浓缩焚烧法、加热法、超声波分离法等。

目前对排水量大、油浓度高的炼油、焦化和钢铁等行业的含油废水，一般应采用多级联合处理工艺。废水处理的发展趋势为：减少用水和排水量，提高废水的回用率，强化预处理技术，开发高效、低耗的废水处理新技术，研究针对性和适应性强的治理流程，加强自控水平，提高处理效果。针对冷轧过程中产生的含油、乳化液废水、碱性含油废水以及含重金属废水在进入综合处理流程前，需分别进行预处理。

不同种类废水的预处理技术如下。

A　含酸、含碱废水预处理

含酸、含碱废水预处理的主要方法为中和沉淀法，处理系统主要包括：中和池、沉淀池、澄清池及其他配套设施；该技术适用于对冷轧机组中含低浓度酸、碱的冲洗废水及冷轧工序各类预处理后的废水进行 pH 调节，以方便后续废水的综合处理。在进行含酸、含碱废水的预处理前，通常将需要处理的各类废水进行混合，然后视均衡后的废水 pH 值选择适当的药剂进行中和沉淀处理。一般对于均衡后呈酸性的废水，可投加生石灰或石灰乳进行中和处理；对于均衡后呈碱性的废水，可投加废酸中和处理。处理后，废水的 pH 值控制在 6~9 之间。

B　含油、含乳化液废水预处理

含油、含乳化液废水预处理系统的主要设备包括：超滤装置、循环槽、乳化液贮槽、离心分离机、分离槽及其他配套设施。由于配合了超滤、静置、浓缩和分离等处理方法，对于含油、含乳化液废水处理效果较好，处理后废水中的油类物质浓度可控制在 5 ~ 10mg/L。

C　含光整液废水预处理

含光整液废水预处理系统主要包括：调节池、预氧化池、混凝池、催化氧化池及其他配套设施。该技术主要适用于光整机组产生的含光整液废水的预处理，处理后废水中 COD 含量不超过 60mg/L，油类含量不超过 4mg/L，悬浮物含量不超过 50mg/L，可送酸、碱废水系统继续处理，典型催化氧化法预处理含光整液废水的工艺流程，如图 2-4 所示。

图 2-4　催化氧化法预处理含光整液废水的工艺流程

D　含铬废水预处理

含铬废水预处理主要采用化学还原法，处理系统主要包括：调节池、还原池、中和池、沉淀澄清池及其他配套设施；该技术主要适用于冷轧电镀工段低浓度含铬废水的预处理；处理后废水中的六价铬离子浓度可控制在 0.5mg/L 以下，可送酸、碱废水系统继续处理，典型化学还原法预处理含铬废水工艺流程，如图 2-5 所示。

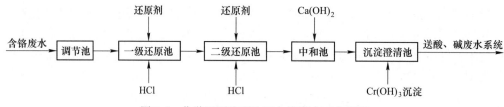

图 2-5　化学还原法预处理含铬废水工艺流程

E　含石墨废水预处理

含石墨废水预处理主要采用混凝-离心脱水预处理技术，处理系统主要包括：混凝剂投加装置、收集槽、泥浆槽、离心脱水机、搅拌机及其他配套设施。该方法适用于热轧无缝钢管车间内芯棒润滑系统及排烟系统中电除尘器冲洗产生的含石墨废水的预处理；由于采用了混凝+离心脱水的组合方式进行废水处理，可去除石墨废水中 96% 以上的悬浮物质，处理后废水中悬浮物含量低于 200mg/L，典型混凝+离心脱水组合方法预处理石墨废水的工艺流程，如图 2-6 所示。

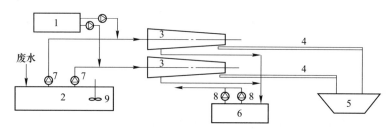

图 2-6　石墨废水预处理工艺流程

1—混凝剂投加装置；2—废水收集槽；3—离心脱水机；4—螺旋输送机；5—移动式泥浆槽；
6—澄清水收集槽；7—螺杆泵；8—立式离心泵；9—搅拌机

冷轧厂的含油废水含油乳化剂、脱脂剂以及固体粉末等，化学稳定性好，难以通过静止或自然沉淀分离。乳化液是在油或脂类物质中加入表面活性剂，然后加入水，油和脂在表面活性剂的作用下以极其微小的颗粒在水中分散，由于其特殊的结构和极高的分散度，在水分子热运动的影响下，油滴在水中非常稳定，就如同溶解在水中一样。这种乳化液通常称为水包油型乳化液，其乳化液中含有脱脂剂、悬浮物等，因此形成的乳化液稳定性更好。乳化液一般需要采用化学药剂进行破乳，使含油污水中的乳化液脱稳，然后投入絮凝剂进行絮凝，使脱稳的油滴通过架桥吸附作用凝聚成较大的颗粒，再通过气浮的方法分离，一般根据污水中的含油浓度采用一级或两级气浮。通过气浮分离的废水一般含油量仍较大，难满足排放的要求，通常还需进行过滤处理，过滤可以采用砂滤加活性炭过滤，或者采用核桃壳进行过滤。一般的含油污水中含有较高的 COD，对于排放要求较高的地区，还可采用生化法或化学氧化法处理，进一步降低 COD 浓度。

2.2.6.3 冷轧含铬等重金属废水处理技术

冷轧系统含铬等废水主要来自热镀锌机组、电镀锌、电镀锡、电工钢等机组。随着高层建筑、深层地下和海洋设施、一级航空航天器材的发展，生产高强度合金结构钢、不锈高强耐蚀钢、超高强耐热钢、各种工具钢、轴承钢以及各种镀层产生的废水如镀铬、镀铅、镀铜等重金属废水将日益剧增。

含重金属废水是对环境污染最严重、对人类危害最大的工业废水之一。由于多数重金属都具有致癌作用，含有这些重金属的废水、废渣、废气等排放于环境，通过土壤、水和空气传播，特别是某些重金属及其化合物能在鱼类及其他水生物体内以及农作物组织内累积富集，通过饮水和食物链的传播作用，对人类产生更广泛和更严重的危害。

目前对冷轧系统废水处理的综合技术主要为：

（1）絮凝处理技术，处理系统主要包括：絮凝池、沉淀池、浓缩池、压滤机及其他配套设施。适用于经酸、碱系统预处理后，悬浮物质含量仍无法达标的冷轧废水处理。通过合理配制絮凝剂用量，可保证处理后的废水水质达到回用或排放标准要求。典型絮凝法处理冷轧废水的工艺流程，如图 2-7 所示。

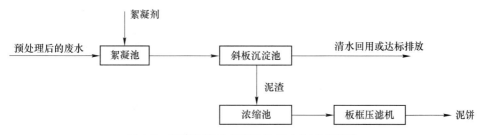

图 2-7 典型絮凝法处理冷轧废水的工艺流程

（2）生物处理技术，目前钢铁企业冷轧废水的综合处理中，主要采用的生物处理法是膜生物反应法（MBR），该方法省去了普通生物反应器中的二沉池，通过膜的过滤净化作用进行泥水分离，一方面截留了反应池中的微生物，使池中的活性污泥浓度达到较高的水平，生化降解废水的效果更快更彻底；另一方面膜的高过滤精度保证了高质量出水。

2.2.7 间接循环冷却水处理

钢铁多个工段均采用间接循环冷却水。循环冷却水仅受热污染，通过降温处理即可再次利用。间接循环冷却水处理系统包括密闭循环水系统和敞开式净循环水系统。常用的纯水密闭循环水系统的工艺处理流程为：水处理站循环供水泵出水—工艺设备—板式换热器/蒸发冷凝器—回水至水处理站循环供水泵。由于工艺设备的间接冷却是在高热负荷强度下运行，间接冷却水采用纯水、软水，以密闭循环冷却系统运行，其水温下降是依靠空气冷却器散热片把热量传递至空气中，与常规使用的冷却塔设备降温比较，可节水约 4% ~ 7%。密闭循环水系统的热量交换，借助于空气冷却器利用空气带走热量，或采用冷媒水依靠水-水换热器带走热量，所以密闭式循环水系统中采用空气冷却器进行热量传递最节水，但是采用该系统应有三个基本条件：一是整个循环水系统必须密闭，任何环节不与大气相通；二是水质应为纯水、软水或除盐水；三是室外大气干球温度低于供水用户的水温，其温差大于15℃，即冷却设备的供水温度高于当地最热季节的空气干球温度，其突出特点是建设投资和运行成本高。

敞开式工业净循环水系统常用于一般设备的间接冷却及作为换热器的冷媒水。工业净循环水系统为敞开式系统，也是最常见的循环水系统。常用工艺流程为：水处理站循环供水泵出水—自清洗过滤器—工艺设备—冷却塔—冷水池—水处理站循环供水泵，或换热器冷媒水出水（温度升高）—冷却塔—冷水池—换热气循环供水泵—自清洗过滤器—换热器冷媒水出水（温度升高），其缺点是水质易受外来物污染，运行过程中的水汽蒸发会造成水体盐分增高。

2.2.7.1　循环水水质稳定处理

循环水水质稳定处理是经阻垢、缓蚀、杀菌、灭藻等处理后，使净、浊循环水系统的结垢、腐蚀、微生物黏泥等消除或控制在规定的指标下，以保证系统正常运行。循环冷却水的水质处理，特别是浊环水水质处理更为复杂，主要着重点为防垢处理、防腐蚀处理和防微生物污垢的处理。浊环水水质复杂，其水质稳定较难处理，以往大多是采用大排水量的排污法，靠全厂总排水或天然水体去稀释，再往系统中补充大量新水去改善水质。这导致新水消耗量大，外排水量多，环境污染严重，水资源和水中的物质资源浪费多，循环水率在65%左右，远远达不到循环率95%以上的要求。目前主要采用二级沉淀后投加水质综合稳定剂的方法解决浊循环水水质稳定的问题：首先在二级沉淀池处理时，应进行比较彻底的混凝沉淀处理，采用高效多元复合絮凝剂以及助凝剂，尽可能去除浊环水中不溶性物质，使之接近或达到浊环水水质要求的指标。将浊环水中钙、镁以及重金属离子等可溶性物质浓度也相应地控制到饱和溶解度以下，这是浊环水水质稳定的充分必要条件。否则浊循环水中悬浮物的质量浓度很高，溶解性离子处于过饱和溶解度的情况下，即使大量投加水稳药剂也难以达到预期效果。因为在此条件下，所投加的水质稳定剂既无法阻止沉淀结垢，也无法缓解垢下腐蚀，所以进行比较彻底的混凝沉淀处理非常必要。

2.2.7.2　循环冷却水的防腐蚀处理

循环水系统中金属的腐蚀一般是电化学腐蚀。腐蚀的形式有均匀腐蚀、点蚀、浸蚀、垢下腐蚀等。影响腐蚀的因素有：水中溶解固体及悬浮物的质量浓度、氯离子、溶解气体、温度、流速、微生物等。钢铁工业直接冷却浊循环水系统中腐蚀不是影响生产正常运行的主要障碍，浊循环水中大量存在的铁氧化物使常用的缓蚀药剂大量消耗而作用极低，因此腐蚀控制主要对象是间接冷却循环水系统，尤其是密闭式系统。循环水中的钙、镁碳酸盐沉积在金属表面隔绝了腐蚀介质对金属的腐蚀，因而，碳酸盐硬度既可作为水垢又可用作缓蚀剂，从这种意义上讲，软水及除盐水的腐蚀性较强。控制循环冷却水系统腐蚀的方法主要有：药剂法、阴极保护法、阳极保护法、表面涂耐腐蚀层及设备材质改进、电子射频类的物理防腐蚀方法等。

2.2.7.3 循环冷却水防微生物污垢处理

钢铁工业直接冷却浊循环水系统中，由于水与高温物料直接接触，所以冷却水中的菌藻繁殖问题不太突出。间接冷却密闭式系统中，因为冷却水采用水质较好的软水或除盐水，且冷却水无法与阳光和空气接触，所以菌藻问题也不突出。因此循环冷却水中微生物的控制主要针对的是敞开式系统。

在敞开式系统中，微生物随冷却塔大量吸入的空气被带入冷却水，补充水中原有的微生物也随着补充水进入冷却水系统。循环冷却水的水温和营养成分等条件都有利于微生物大量繁殖，冷却塔上充足的阳光照射更是藻类生长的理想地方。循环水中常见的微生物有真菌类、藻类以及细菌类。微生物在循环冷却水中大量繁殖，会使冷却水颜色变黑，发生恶臭，污染环境，同时会形成大量黏泥使冷却塔的冷却效率大大降低。黏泥沉积在换热设备内，使传热效率迅速下降和水头损失增加，沉积在金属表面的黏泥既妨碍了加入水中的缓蚀剂发挥其最大的防腐功能，还增加了垢下腐蚀的速率。这些问题都将导致循环冷却水系统无法长期安全运转，影响生产并造成严重的经济损失。敞开式系统循环冷却水中的微生物控制应该根据水质、菌藻种类、阻垢剂和缓蚀剂的特性以及环境污染等因素，进行综合比较后确定。目前控制的方法主要有以下几种：

（1）增强对补充水的前处理，改善补水水质。前处理不仅可以除去水中悬浮物，也可以除去部分细菌。

（2）采用旁滤方法。部分循环水经过旁滤装置进行过滤处理，可以除去冷却水系统中的悬浮物、微生物和藻类等。

（3）投加杀生剂。这是目前抑制微生物的通用方法。选择杀生剂时，应尽量符合以下的规定：高效、广谱；pH 值适用范围较宽；具有较好的剥离生物黏泥的作用；与冷却水中使用的阻垢剂、缓蚀剂等不相互干扰；易于降解且便于处理；操作安全方便、对人体不造成危害、成本较低。

2.3 钢铁行业水污染控制存在的问题

钢铁行业是典型的高能耗、重污染行业，涉及各方面的环境问题，包括生态破坏、大气污染、水污染、噪声污染和固体废弃物污染，其中钢铁行业的废水与废气污染问题比较突出。

钢铁企业废水种类比较多，相对应的末端治理技术以及工艺路线也比较复杂。目前针对治理煤气洗涤、湿法除尘的技术主要是沉淀（沉淀池的形式有辐流式、斜管式、斜板式等）冷却；用于连铸、轧钢冲铁皮及轧机冷却的水处理技术主要有沉淀、除油、过滤、冷却等；焦化废水的处理一般先进行预处理，其工艺包括氨水脱酚、蒸氨、脱氰、除油等，然后进行生物二级处理，以生物脱氮工艺为主，主要包括 A-O 工艺、A-A-O 工艺、O-A-O 工艺、A-O-O 工艺及其他改进工艺，最后根据需要采用三级处理及深度处理。冷轧废水治理技术主要是酸、碱废水中和处理技术。含油废水处理技术和含铬废水处理技术。酸、碱废水中和技术主要是采用一、二段中和曝气加混凝沉淀技术；含油废水处理技术主要是纸带过滤加超滤，然后进行生物处理或进入酸碱废水的后续处理系统；含铬废水处理技术主要是采用化学还原处理技术。钢铁综合污水处理回用技术是指将钢铁企业各工序循环水系统排污水、特殊废水处理后的排水及少量生活污水收集处理后回用于生产水系统的末端治理技术。目前钢铁行业综合污水处理工艺主要为絮凝、沉淀、过滤，主要去除悬浮物、COD 等。高盐废水的脱盐方法有膜分离技术和电吸附技术等。

近些年来，钢铁废水污染治理技术发展迅速，部分关键技术得到了突破，钢铁行业水污染控制成果得到了较大的改善，重点钢铁企业的水资源利用、水污染治理和排放标准已达到世界先进水平，但在水污染处理工艺先进技术的普及率、水污染处理工艺的运行成本、钢铁企业主要水污染物的高效经济脱除及废水循环利用等方面还不能满足企业发展需要。另外，国家日趋严格的环境质量标准和生态环境改善需求，对钢铁行业水污染控制提出了更高的要求。目前钢铁行业水污染控制存在如下问题与难点。

2.3.1　以焦化废水为代表的高浓度难降解有机废水处理

焦化废水是钢铁工业中污染最严重、处理难度最大的废水。经过研究表明，焦化废水重点污染物（COD、石油类、氨氮、挥发酚和氰化物）等指标污染负荷占钢铁废水污染比重约 88%。

焦化废水是煤在高温干馏、煤气净化、副产品回收和精制过程中产生的，除含有高浓度的氨、氰化物、硫氰化物、氟化物等无机污染物外，还含有酚类、吡啶、喹啉、多环芳烃（PAHs）等有机污染物。有研究采用 GC/MS 分析技术，系统分析了焦化废水中有机物污染物的组成，在焦化废水中共检测到 15 类 558 种有机物。主要包括酚类（共检出 44 种）、有机腈类（共检出 50 种）、多环芳烃（共检出 58 种）、含氮杂环类（共检出 144 种）、含氧杂环等物质以及少量的氰类、脂类、烷烃和含卤有机物等，其中有相当一部分属于优先控制污染物。

焦化废水可生化性比较差，常规的生化处理工艺难以满足排放标准的需求。按常规方法，焦化废水处理路线一般为"预处理+生物处理+深度处理"，预处理工艺包括氨水脱酚、蒸氨、脱氰、除油等，生物处理技术以生物脱氮工艺为主，主要包括 A-O 工艺、A-A-O 工艺、O-A-O 工艺、A-O-O 工艺及其他改进工艺，深度处理技术包括臭氧催化氧化、Fenton 氧化、微波强化、电解氧化、活性炭或活性焦吸附等技术。

焦化废水处理工艺比较长，关键技术难点多，经济可行且能稳定运行的技术选择比较有限。作为钢铁废水污染控制环节中最重要的一环，焦化废水的高效处理和经济稳定运行仍是钢铁废水污染治理的重要课题。

2.3.2　含盐废水资源化处理

目前我国规模以上钢铁企业取新水量虽然呈现逐年大幅下降的趋势，但是各企业发展不平衡，一些企业距离国内、国际先进钢铁企业还存在一定的差距。钢铁企业新鲜水消耗中，循环水补水基本可占 50%~70%，循环水排水基本占总排水一半以上，是钢铁废水的"排放大户"。此外，钢铁综合废水深度处理后出水以及水处理过程中产生大量浓水，构成了钢铁废水排放的重要部分。该类废水含盐量高、腐蚀性强、易结垢，对管道、喷头等腐蚀严重，容易造成堵塞。浓盐水回用于生产系统，对管道要求较高，需采用高强度、抗腐蚀材料，一次性投资较大。因此实际生产中该类废水除了用于喷洒地坪、高炉冲渣和转炉闷渣等之外，其他资源化消纳途径有限，只能排入外环境，对水生态环境造成影响，是钢铁工业无法真正实现"零排放"的关键原因。

目前脱盐技术主要有离子交换、电渗析、反渗透、蒸发结晶等,在部分钢铁企业得到了推广和应用。但是脱盐技术也存在一次性投资大、运行成本高、能耗高、杂盐无法得到妥善处理的缺点。因此逐步采用合理、经济、高效的浓盐水脱盐+蒸发结晶技术或其他技术组合,利用钢铁联合企业消化处理污染物和盐分的优势,是真正实现钢铁生产废水"零排放"的关键要素。

2.3.3 钢铁行业水污染全过程控制智能管控

钢铁行业具有用水量大、用水种类多、各工序及工序内用水品质各异的特点。钢铁联合企业包含多个生产工序,每个工序的水网络相对独立,典型钢铁联合企业的水网络是由多个工序水网络以间接集成形式连接构成。钢铁工业园水网络是由工序水网络、取水预处理系统、综合废水处理系统、中水脱盐系统及给排水系统等多个子系统构成的大型复杂水网络。

目前,我国钢铁行业水循环技术相对薄弱,新水用量大,用水效率低。钢铁企业工序水网络中尚未充分考虑串接使用、处理后回用等用水策略,例如净循环水排水的回用、污泥处理系统出水的回用等。另外,目前水网络也没有充分考虑双出口系统(净环、浊环、水处理单元)所有流股的回用。而串接供水是节约水资源的重要举措之一,根据不同工艺、不同步骤对于水温水质的不同要求,实行串联供水,包括在一个循环系统内进行串级供水和在不同循环系统之间进行串级供水,不仅可以减少水污染处理的成本,也可以减少设备占地与能源消耗。

根据调研,钢铁企业水网络复杂,存在"高水低用、直流直排"等现象,水网络优化空间以及节水空间巨大。因此利用按需按质水资源回用的水分级分质利用方法,形成水质水量平衡优化方案,并通过信息化智能管控,提高水循环利用率,是实现钢铁行业用排水过程源头减排和水质改善的重点途径以及技术难点。

2.4 钢铁行业水污染全过程控制的需求

我国是钢铁大国,但水资源匮乏,钢铁生产产生的废水总量很大。有效控制钢铁废水污染,提高水利用率并降低水污染强度,对于整个行业以及国家产业系统具有重大意义和作用。目前,钢铁行业水污染控制面临的重大需求主要包括:

(1)钢铁产业与城市已成为高度融合的整体。经过数十年发展,钢铁产业已成为中国工业必不可少的成分,随着城市化进程加速,对钢铁等重工业环境保护的需求加大,钢铁产业与城市已成为高度融合的整体,这是长期进化的必然结果。钢铁行业对于我国经济发展具有重要作用,是循环经济型社会的重要组成部分,并对支撑社会就业起到积极作用。

(2)环保已成为制约钢铁行业可持续发展的重大瓶颈。2019年我国粗钢产量达到9.96亿吨、生铁8.09亿吨、焦炭产量4.71亿吨,分别占世界总产量的53.3%、63.3%、68.6%,产量规模巨大。钢铁是京津冀传统缺水地区的支柱行业,水污染严重制约行业可持续发展。主要表现为高耗水:20亿吨水/年;高排污强度:0.8~1.2吨废水/吨钢、0.3~0.5吨焦化废水/吨焦炭;治污成本高:200~250元/吨钢(占总成本8%~10%)等,且近年来钢铁/焦化行业的环保事故频发。钢铁生产对区域的水资源消耗、水环境恶化的负面影响已经严重影响了各地钢铁行业的可持续发展。

（3）科技创新是支撑行业可持续发展的重要途径。在钢铁领域内实行超低排放，对一些新型污染物减排限排，做到达标排放，比如 NO_x、PM2.5、Hg、BaP 等。需开发多种关键技术，进行低成本控污，实现城市与钢铁产业和谐发展。

（4）基于污染物生命周期的污染全过程控制。长期以来，我国工业控污通常把生产过程和末端处理这两个环节分开考虑。但是，基于我国目前产业结构，依靠现有的单项清洁生产技术或末端无害化处理，往往难以实现工业污染的低成本达标处理，企业需要付出高昂的成本，甚至导致生产过程无经济效益，企业难以接受。如果把生产过程和末端治理过程作为整体考虑，不片面追求单一环节最优，有望取得更好的治污效果。这不是将单项清洁生产技术和末端无害化处理简单加和，而是利用系统工程的思路将产品生产与污染物无害化处理作为一个整体统筹考虑，使钢铁行业中涉及的物质能够在更大范围内循环利用，形成整体工艺的优化与集成。比如，依据"十三五"水污染治理重大科技专项（简称"水专项"）钢铁行业水污染控制研究成果，通过对相关污染物的物化性质和生物性质研究、全生命周期分析，对生产过程中产生的一些有毒且难降解的有机污染物，可在预处理阶段通过萃取剂优化设计，在萃取阶段高效脱除这些污染物，以提高后续生物降解的效率进而实现综合优化，达到综合成本最小和满足环保排放标准的污染全过程控制要求。

2.5　小结

总体来说，钢铁行业在我国经济生产中占有重要比重，是国家的支柱性产业。无论是过去还是现在，钢铁行业在工业生产和国家经济体系中均占有重要地位。我国钢铁工业经过多年发展，行业技术水平不断提高，但依旧存在诸多问题：钢铁生产技术相对落后、产能过剩、产品附加值不高、行业无序竞争导致供过于求、市场集中度较低等。这主要是由于生产技术、生产设备，以及产业链不完备造成的。目前，中国钢铁产业产能过剩问题突出，技术创新能力不强，产业链高端竞争力不强，面向市场有效供给不足，严重影响钢铁产业经济效益和市场竞争力。

从供给侧角度来看，供大于求的问题可以从生产端和要素供给端入手，调整要素分配，化解钢铁产能过剩问题。比如将过剩产能外销出口，或与其他国家协议合作修建高速铁路等，都可以化解我国目前产能过剩问题。积极创新，提升钢铁产品质量，推动钢铁产业转型升级，走绿色发展道路。

钢铁行业的水资源消耗非常巨大，我国产钢总量位居世界首位，耗水量同样位居世界前列。目前，我国钢铁企业水污染控制技术发展不平衡，部分钢铁企业污水处理的能力相对欠缺，还有较大发展空间。随着我国生产技术发展，每年吨钢耗水量逐年减少，工厂用水利用率越来越高。优化产业结构节能减排，提高生产技术，对于钢铁行业用水、节水具有指向性作用。节能减排的同时，对污水进行综合、深度、低成本治理控制，已经成为转型升级的必经之路，对钢铁大国，尤其是水资源较为匮乏的国家来讲，钢铁加工所产生的污水总量很大，对其进行有效控制，提高水利用率，降低水污染程度，对于整个行业以及国家产业系统具有重大意义和作用。

目前，我国钢铁行业水污染具有如下问题：

（1）在用水水源及用水效率方面存在问题。我国目前水循环技术相对薄弱，新水用量大，用水效率低。多数钢铁企业工业水源以天然水为主，硬度较大且水质复杂，氯离子浓度为 90mg/L、硬度浓度为 1000mg/L，增大了软水站的处理负荷，并严重制约了节水能力。

（2）生产工序较多，用水排水量大。钢铁生产的几个重要工段均需大量用水，行业水耗占全工业水耗的 9% 左右，废水排放量约占工业总排放量的 14%，与钢铁行业占工业总产值的份额大致相当。

（3）钢铁行业废水水质复杂，种类较多，处理难度大。钢铁企业在焦化过程中会产生焦油、氨氮、多元酚、氰等有毒有害物质，使该工段废水污染严重，致使整个产业过程废水有毒有害物质严重超标，利用传统的废水处理技术很难实现达标排放。此外钢铁生产过程中每个工段的生产工艺不同，在不同生产阶段均会产生不同类型的废水，且废水组成差异较大，很难通过一种或几种简单的治理方法来处理全工段废水，需要采取多介质、全流程、分级处理的废水污染控制措施。

3 钢铁行业水污染全过程控制典型关键技术

3.1 钢铁行业水污染全过程控制的内涵

工业污染全过程控制是以绿色发展理念为指导，以工业全过程的综合成本最小化为目标，基于污染物的生命周期分析，利用系统工程的方法，将毒性原料和（或）介质替代、原子经济性反应、高效分离、废物资源化、污染物无害化、水分质分级利用等技术方法的综合集成，形成最佳可用技术（BAT）和最佳环境实践（BEP），并满足工业污染源中管控污染物的排放稳定达到国家/行业/地方排放标准（见图3-1）。

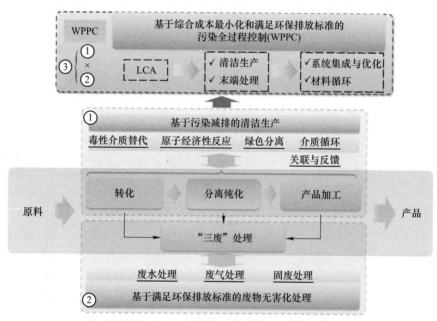

图 3-1　基于综合成本最小化和满足环保排放标准的污染全过程控制

钢铁行业水污染全过程控制的内涵是依据系统工程、循环经济、绿色化学、清洁生产以及生命周期评价等理论和方法，综合运用最佳可行技术和最佳环境实践，以法规为准绳，以技术和工艺创新为保障，以最少的人力、物力、财力、时间和空间，实现钢铁行业水污染防控过程成本最小化；实现全过程废弃物的减量化、资源化、无害化、绿色化；实现人与自然和谐相处可持续发展。

钢铁行业的水污染及对水资源的不合理利用问题已经成为影响我国钢铁产业绿色健康、持续、高水平发展的突出问题，旧钢铁工业时代所采用的低效末端治理方法已不能彻底解决我国钢铁行业水污染问题。因此开展钢铁工业节水与废水处理控制技术研究，提高水资源利用率已迫在眉睫。对于我国钢铁行业而言，前期生产过程污水控制，产业结构优化,加强政府监管已经成为钢铁行业废水污染治理的主要方向,坚持"推进资源节约集约利用,加大环境综合治理力度",依照"十三五"规划要求,坚持"创新驱动、转型发展"的理念,推动产业结构调整,加快技术改造升级,提倡钢铁企业清洁生产方式,降低后续污染物排放。钢铁行业水污染控制的难点主要体现在:钢铁工业生产工段多,污水成分复杂、种类多、治理难度大。在烧结、焦化、煤气洗涤、高炉冲渣、转炉烟气洗涤、轧钢等工艺阶段均会产生有毒有害废水,包括各类悬浮物,有机、无机废物等,采用单一方法很难全面处理行业废水,实现达标排放与资源高效利用。

针对钢铁行业工序长、耗水量大、废水毒性高、水回用潜力大等特点,在技术层面,以钢铁行业水污染物深度解析为基础,以"有毒污染物排放控制"和"废水分质分级处理利用"为核心指导思想,构建钢铁行业水污染全过程控制技术体系,进行钢铁行业废水治理过程控制与循环利用。

(1)有毒污染物排放控制。钢铁行业持续、高强度的水污染直接影响所在区域的水资源安全和环境质量,在对钢铁生产制造流程和产品进行全生命周期评审的基础上,进行清洁生产工艺替代只能缓解部分环境压力,还需继续加强末端治理力度,特别是对有毒有害污染物排放的控制。应进一步开发低成本的新型水处理技术,推动关键技术的大型化应用,通过先进技术、环保药剂和设备的结合,形成整套处理技术,对钢铁废水的达标排放严格把关。

(2)废水分质分级处理利用。废水分质分级处理利用包括两方面:水处理及水回用、废水中高浓度污染物资源化回收。钢铁工业生产步骤长、水耗大、各工段对水质要求不同,若按统一排放标准处理,势必造成水资源和能量的巨大浪费。在生产企业清洁生产审核的基础上,实施综合利用方案,以满足其他工序要求作为最大指导原则,开展废水分级分质回用、达标排放、脱盐回用等不同层次的废水治理策略。不但可大大降低企业对新水的需求,减少废水外排量,而且能实现废水资源的最大化利用。针对废水中可能存在的高浓度污染物,如氨氮、焦油、酚类、废酸等,采取资源化利用的策略,回收多种产品,提升水污染控制过程的经济性。

3.2 钢铁行业水污染全过程控制技术发展策略

钢铁行业水污染全过程控制技术的实施方法:首先通过污染成因及原料部分生命周期分析,对钢铁行业废水污染物来源进行全面解析,基于物质转化的原子经济性概念等清洁过程进行源头污染控制,同时结合系统工程和最优化方法设计资源高效分层多级利用,强化资源回收过程,并通过低成本无害化处理使综合毒性风险降低,最终建立源头减废、过程控制与末端治理一体化的污染全过程控制系统,实现综合成本最小化和满足环保排放标准。它包含了从微观尺度上资源高效清洁转化的原子经济性反应与分离过程的绿色设计与过程强化,中观尺度的过程耦合与调控,到宏观尺度的钢铁行业的全过程物质流程-能量流程-信息流程的综合成本最小化与环境污染达标的约束指标导向,以实现总体多目标最优化系统集成,为钢铁行业的可持续发展提供支撑。

图 3-2 所示为基于全生命周期的钢铁行业水污染全过程控制技术发展策略和方案。该技术包括三个实施阶段:清洁生产审核及关键技术开发,技术集成与全局优化,标准化与行业推广。在关键技术开发方面,又包括了三个层面:清洁生产工艺,废弃物资源化,污染物无害化与水回用。

图 3-2 全过程优化的钢铁行业水污染全过程控制方案

首先建立钢铁行业清洁生产评价指标体系，从生产工艺装备及技术、节能减排装备及技术、资源与能源利用、产品特征、污染物排放控制、资源综合利用等角度，建立对钢铁行业的评价标准。目前，我国钢铁行业水污染物排放标准和《钢铁行业清洁生产评价指标体系》已发布并不断完善，整体达到国际先进水平。在此基础上，开展钢铁企业清洁生产审核，对钢铁生产过程提出清洁生产工艺升级，主要是污水闷渣技术、干熄焦技术、煤调湿技术、配煤与清洁焦化技术等节水工艺。在此基础上，研发不锈钢酸洗废液资源化、酚/油回收、HPF 脱硫废液资源化等废水资源化技术，焦化剩余氨水强化处理、综合废水处理及回用、高盐废水零排放、真空碳酸钾脱硫废液无害化等废水强化处理技术，以及中水闷渣、污水配矿烧结、水网络优化及智慧管控等水回用技术和绿色供水技术等。

（1）节水工艺。截至"十三五"末期，中水闷渣技术、干熄焦技术、煤调湿技术、配煤与清洁焦化技术、高炉干法除尘、转炉干法除尘等清洁生产技术基本发展成熟，并在不同企业建立多套示范工程。如太钢通过煤调湿技术，将装炉煤水分降至 6.5%，缩短结焦时间 4%，减少酚氰废水 3.5%以上，焦炉生产能力提高 7%。在水专项的资助下，松花江流域相关煤焦化企业建立干熄焦示范工程一套，企业年节水超过 90 万立方米，减排 COD 超过 2500t；辽河流域鞍钢集团开发了一排式布置高炉干法除尘工艺，解决了老旧钢铁厂区受限空间内湿法除尘改干法的难题，显著降低除尘水消耗，并提高 TRT 发电量，新增经济效益超过 4000 万元/年。铁钢轧生产过程高效冷却节水技术也取得一定进展。

（2）废水资源化。在酸洗废液资源化、酚/油回收、HPF 脱硫废液资源化等领域完成多项关键技术开发，其中，焦化废水中酚/氨/油回收，HPF 脱硫废液和不锈钢酸洗废液资源化技术实现工程应用，而乳化液资源化处理还有待进一步完善。

（3）废水强化处理。在水专项和其他项目资助下，完成焦化废水强化处理、综合废水达标处理及回用、真空碳酸钾废液处理等关键技术开发，并建立工程示范，特别是焦化废水强化处理成套废水已在多个大型钢铁、煤化工企业应用，高盐废水零排放技术尚不成熟，未形成有竞争力的产业化技术，目前正在进行技术攻关。

（4）水回用及其他。中水闷渣技术相对成熟，已在多个企业实现工程应用；污水配矿烧结基本研发完成，即将建立工程示范；目前正在进行绿色供水技术和钢铁园区水网络优化及智慧管控技术研究。

在完成以上单项关键技术开发后，有望形成钢铁行业水污染控制成套技术，并进行全局优化，最终在钢铁行业内推广。

（5）严格执行排污许可制度。按照相关监测要求，加大监督执法的力度，监督企业实现总量和浓度"双达标"。

（6）完善先进污染防治技术的鼓励机制。建立先进污染防治技术的鼓励机制，鼓励推广应用国家鼓励发展的环境保护技术、国家先进污染防治示范技术、行业污染防治最佳可行技术，促进企业在重金属污染控制及治理方面的积极性，提高污染治理水平。

为了推动钢铁行业绿色健康发展，减少水消耗和有害废水排放，应加快实施科技支撑钢铁行业可持续发展战略，制定钢铁行业污染控制与产业发展路线图，通过公平有序的市场竞争、环境管理和环保产业协力推进行业节能减排。优先统筹钢铁产业"三废"的协同治理，将污染治理成本纳入企业生产成本，重点建立以水分级分质利用与有毒污染物深度处理为核心的钢铁水污染全过程防控发展战略，建立节水型钢铁工业。进一步加强钢铁行业水污染全过程治理技术集成、水分级分质与循环利用、全局优化和行业推广应用，建立以第三方综合独立评估为基础的水专项科研成果从实验室研究到行业推广应用的无缝衔接机制与转化模式。

根据全生命周期的钢铁行业水污染控制实施方案，结合"十一五""十二五""十三五"水专项技术成果和钢铁行业已有技术发展水平，提出以下建议：

（1）进一步开展废水分质分级利用技术开发。包括烧结工段废水处理后循环利用；净循环水和浊循环水梯级利用；焦化废水经生化处理后用作冲渣或配料，经深度处理及脱盐后回用；炼铁工段主要废水经沉淀、过滤后循环使用；炼钢废水水质稳定后循环使用；综合废水物化处理后多途径回用或排放。

（2）重点开展钢铁行业废水有毒污染物的分点控制技术开发。钢铁生产工艺长，各工段产生废水组分复杂，毒害性高，即使主要参数达标，废水排放依然存在高环境风险。应进一步关注外排废水（特别是焦化废水）中高毒性有机污染物的排放控制，制定相关标准并引导治理技术发展，实现毒性减排目的。

（3）开展钢铁工业废水治理中遗留难点技术开发。例如轧钢工段间歇产生的乳化液和酸洗废液，处理难度大，前期未得到重视，尚未实现治理技术突破。

（4）分阶段实施关键技术集成和推广。基于"十一五""十二五"水专项期间的关键技术成果，积极吸收行业内形成的清洁生产、水污染控制和水回用技术，进行清洁工艺升级，强化末端污染治理。进一步结合预处理和废弃物资源化关键技术，在"十二五"水专项实施期间形成钢铁行业水污染全过程控制的整套技术和装备，"十三五"期间形成成熟工艺包，今后在"十四五"期间于钢铁行业内推广，并突破三统筹、二控污、一利用的城市"产城融合"的绿色智能城市-钢厂关键核心技术和创新发展与模式示范。

从技术创新角度来说，仍有较多问题需要解决和攻克，包括：供水-用水-废水处理-水循环利用统筹；节水-废水处理-中水回用全生命周期统筹；单元-工厂-园区多尺度统筹；基于污染物全生命周期的综合控污；气-水-固-土壤跨介质协同控污；钢铁与城市协同可持续发展深度融合技术等关键核心技术问题，这些是"十四五"钢铁行业水污染控制的关键点。

我国政府高度重视钢铁行业水污染控制的科技支撑作用，已逐步形成针对各工艺流程废水的针对性处理技术，特别是产生量大、污染程度轻的工段废水，简单处理后可达标排放或分级利用。对于焦化废水等组成复杂、污染严重的工段废水，随着炼焦工段执行新的排放标准，对生产企业提出更高的要求，对难降解工段废水的治理技术需求迫切。

"十一五"至"十三五"期间，在国家水专项的支持下，松花江重污染行业清洁生产关键技术及工程示范课题（2008ZX07207-003）、重点流域冶金废水处理与回用产业化课题（2013ZX07209-001）、辽河流域特大型钢铁工业园全过程节水减污技术集成优化及应用示范课题（2015ZX07202-013）、钢铁行业水污染全过程控制技术系统集成与综合应用示范课题（2017ZX07402001）等开展了钢铁行业全过程清洁生产审核，解析污水来源与成分，针对源头选矿至轧钢制品等多个生产环节，从清洁生产、废弃物资源化、水污染达标处理及回用等角度，开展了采矿废水无害化处理及回用关键技术、干熄焦清洁工艺、陶瓷膜过滤脱油关键技术、强化硝化-反硝化生物降解关键技术、高效混凝脱氰除 COD 关键技术、低成本大型催化臭氧氧化关键技术、基于 VTBR 的集成废水处理关键技术的研究，在多项关键技术上取得重要突破，一定程度上达到了源头减排-污染物低成本深度处理-废水分质分级回用的目的，有效支撑了钢铁行业水污染控制及水资源深度利用。

3.3　钢铁行业节水减排技术

3.3.1　绿色供水技术

3.3.1.1　技术内容及基本原理

研究供水系统水质构成对循环水系统成垢或腐蚀的影响机制采用物理-化学耦合技术，通过超导高强磁场及物理化学的交互作用，使系统中的 Ca、Mg、Si，及 Fe 等成垢离子以及微纳米级有机/无机颗粒凝聚脱除，同时杀菌灭藻；合理匹配供水水源，适当降低软水比例，从而降低对补充新水水源水的需求，为净环水系统提供成套绿色供水技术。

针对高硬/高碱或低浊度水源水（包括河水、地下水以及城市中等非常规水源水）进行源头控制，通过超导高强磁场与物理化学的耦合作用，实现水中 Ca、Mg、Si 及 Fe 等成垢离子及微纳米级有机/无机颗粒凝聚脱除，经过高效降硬、除浊处理之后替代或降低软水补加，节水并降低成本。超导设备同时具有极强的杀菌灭藻功能，可在无氯投加下实现绿色灭杀。在水质深度净化的基础上进行水源水的合理配置，取消或最大程度地替代软水，实现源头绿色供水，节水降耗。

当河水、中水等非常规水资源中有机物含量较高时，采用垂直潜流人工湿地反应器，以旁流的方式先进行生化处理脱除有机物。垂直潜流人工湿地由防渗层、基质层、土壤层和湿地植物构成，钢渣做基质层并作为生物膜生长的载体，内部供氧充足。通过截留、基质层和植物根系附着生物膜的生化作用以及湿地植物的营养吸收作用，实现 COD、氨氮及磷的有效脱除，切断微生物滋生需要的营养源。再经过超导超强磁-物化耦合技术交互作用，脱除成垢离子、微纳米颗粒物并杀菌灭藻，可从源头有效避免被处理的水供入净环水系统后，造成管路或设备表面结垢或生物黏泥附着。以钢渣做基质层，景观构建与水处理结合，具有多重性效益。

此技术为水体污染控制与治理科技重大专项资助形成的关键技术。

3.3.1.2 适用范围

本技术适用于水源水净化、中水及雨水等非常规水源的处理再用，取消或最大程度替代净循环水中软水配加，分类分级利用各种水源水，实现绿色供水，节水降耗。

3.3.1.3 技术创新点及主要技术经济指标

开发超导超强磁-物化耦合技术，实现河水、中水及雨水等非常规水资源的成垢离子及微纳米级颗粒的脱除，硬度去除率达到70%以上，浊度降至0.5NTU以下；通过超导高强磁与高效絮凝的交互作用实现水中菌藻的高效绿色脱除；不需磁种的加入，能耗低，成本低；以河水或中水等非常规水资源替代或减少软水使用比例，节水10%以上。

当水中有机物超标时，可以钢渣作为基质构建潜流人工湿地生态系统，以废治污，并将景观构建与生化水处理结合，脱除水中有机物。COD、NH_3-N脱除率分别达到80%、90%以上，实现水源水（特别是城市中水、雨水等非常规水资源）中有机物的绿色脱除。

本技术解决了同类技术中非常规水源应用、成垢离子和微纳米颗粒脱除、菌藻滋生、软水用量大、钢渣资源化利用等问题，节水降耗。

3.3.2 高炉炉体全生命周期冷却制度优化技术

3.3.2.1 技术内容及基本原理

本技术主要针对高炉冷却系统复杂和不同部位冷却强度需求不同，循环用水量大且不同炉役时期水量需求差异大的问题，结合高炉炉体不同部位工作状况及冷却器工作机制，通过建立三维水冷模型、冷却能力评价模型等分析冷却参数对炉体传热的影响，构建高炉炉体全生命周期对冷却水量的最低需求，优化高炉炉体不同部位、不同炉役时期冷却水量配置，降低冷却水用量。实现高炉不同炉役时期与冷却制度的精确耦合，保障高炉安全长寿，降低冷却水量消耗。

基于传热学计算，通过等效热阻法构建高炉冷却系统从内而外的完整传热体系，基于流体力学仿真模拟软件，计算冷却过程稳态传热，分析传热过程中冷却水速、渣皮厚度、冷却壁材质等参数对传热过程的影响；通过建立高炉冷却能力评价模型，基于自定义的冷却强度、冷却效率等评价参数，对高炉冷却能力进行综合评价，并研究不同冷却参数对冷却能力的影响；根据生产实践界定了高炉前期、中期、后期、末期时限，对高炉全生命周期冷却系统节水潜能进行分析并计算节水量，最终可实现全生命周期节水量20%的目标。

本技术为"水体污染控制与治理科技重大专项"资助形成的关键技术。

3.3.2.2 适用范围

本技术适用于高炉炉役全生命周期内炼铁生产过程，可针对不同炉役时期实现精细化控制。

3.3.2.3　技术创新点及主要技术经济指标

本技术构建了包含渣皮、炉衬、镶砖及冷却壁等多层平板传热结构的传热模型，并基于流体力学模拟仿真软件研究高炉实际生产过程冷却系统工作方式，分析了不同材质、不同参数对炉体传热的影响。建立了高炉冷却能力评价模型，通过定义冷却强度、冷却效率等评价参数，对高炉冷却能力进行综合评价；并研究了不同冷却参数、冷却结构对冷却能力的影响，分析了铜冷却壁和铸钢冷却壁易凝结渣皮情况，以达到稳定的安全工作区域。

通过生产实践界定高炉全生命周期划分为：炉役前期 5 年，炉役中期 3 年，炉役后期 3 年，特护时期 1 年。通过模拟计算，炉役前期冷却水流速取 1.2m/s，炉役中期冷却水流速为 1.4m/s，炉役后期水流速为 2.0m/s，特护时期水流速为 2.2m/s，与实际用水情况对比，采取全生命周期梯度供水方式，可节约循环冷却水量 20% 以上。

本技术依托于北京科技大学，在邯钢西区 2 号高炉（3200m³）进行工程示范，技术就绪度等级为 TRL-7。

3.3.3　高炉炉体冷却系统供水方式优化技术

3.3.3.1　技术内容及基本原理

针对高炉冷却系统存在冷却水周向分配不均匀的现象，首先对运行中的高炉进行实测，验证分析冷却水在周向分配的不均匀的情况；其次通过一定比例的高炉冷却系统三维模型，基于水动力学并联水管间脉动机制解析冷却水周向分配不均匀机理，明确冷却水在环管中的分配情况、冷却水速度场、流场分布，作为冷却系统优化模型的建立依据，针对冷却水在环管中分配不均匀的现象，定义了水量分配不均匀度的概念，反应冷却水在高炉炉缸周向分布不均匀性，可以作为不同模型条件下冷却水分配均匀性的评估指标；再次模拟了不同进水口数量、不同进水口角度、不同水量等不同冷却结构条件下水量分配情况，计算了不同冷却结构的均匀度；最后，择优选出新型冷却结构，它是由一圈横向分流管、一圈纵向分流管、一个垂直进水口组成的供水结构，在该结构下内环管平均水速为 1.769m/s，均匀度高达 97.76%，其在高炉炉役末期，最小节水量可以达到 18.93%。通过以上研究，对冷却水管结构布置进行了优化，可实现高炉冷却水量均匀分布，达到高炉节水效果。

本技术为"水体污染控制与治理科技重大专项"资助形成的关键技术。

3.3.3.2　适用范围

本技术适用于高炉生产过程中的炉体冷却系统。

3.3.3.3　技术创新点及主要技术经济指标

本技术通过模拟仿真，实现了对高炉冷却系统周向分配不均匀情况的模拟，其结果与实测结果高度一致，具有参考意义；定义冷却水分配不均匀度参数，用于评价水量在高炉冷却系统周向分配的均匀程度，并作为不同供水模型的评价指标；基于数值模拟建立了不同供水模型条件下冷却水量分配情况，研究了进水口数量、角度、水量等冷却参数对水量分配的影响规律，设计了不同冷却系统模型，在最优模型下冷却水量分配均匀度可达到 97.76%，在炉役后期，最小节水量可以达到 18.93%。考虑到供水模型改变的难度，在不改变供水模型的条件下，可以通过安装阀门、流量计等实现提高水量分配均匀度以及节水的目的。

本技术依托于北京科技大学，将在邯钢西区 2 号高炉（3200m³）进行工程示范应用，技术就绪度等级为 TRL-6。

3.3.4 新型高炉干法除尘节水技术

3.3.4.1 技术内容及基本原理

高炉煤气干法除尘技术是钢铁行业重点推广的新型节能环保技术，是高炉煤气净化领域的重要技术升级。干法除尘系统具有占地面积小、节水、运行成本低、回收煤气显热多等优势，发展潜力巨大，逐渐被各钢铁企业广泛应用。但老旧钢铁厂区空间布置非常紧凑，在原有的湿法除尘工艺上改造或新建干法除尘工艺，受到极大限制。

针对以上难题，通过 CFD 计算优化气体输送管道尺寸设计，将原有的双排布置改为单排布置，显著减小了占地面积；构建框架与斜支撑联合的钢结构体系，降低投资成本。并充分利用原有的湿法除尘设备单元进行改造，结合低压氮气脉冲清灰、大灰仓设计和双层输灰设计，在有限的空间范围内完成从湿法除尘到干法除尘的升级改造，取得了良好的除尘效果，处理后煤气含尘量不超过 5mg/m³，发电量大幅提高 80% 以上。本技术为大型钢铁园区受限空间内干法除尘节水技术改造提供技术支撑和工程参考。

本技术为"水体污染控制与治理科技重大专项"资助形成的关键技术。

3.3.4.2 适用范围

本技术不仅适用于新建高炉煤气除尘，尤其适用于受空间限制的旧有厂区高炉除尘改造。

3.3.4.3 技术创新点及主要技术经济指标

通过 CFD 计算模拟结果指导主管路和支干路变径设计，使双排管路改为单排布置后，依然可维持输气系统稳定性及较高的操作弹性，并且占地面积降低约 20%，钢结构消耗减少 20% 左右。通过除尘器改造和操作过程优化，处理后煤气中颗粒物浓度不超过 5mg/m³，煤气发电量提高 80% 以上，除尘过程耗水近零，解决了同类技术中占地面积大、除尘效率不高的问题。

3.3.4.4 示范工程及推广应用

本技术应用于鞍钢集团新 2 号高炉（3200m³）煤气净化系统改造。通过旋风分离-布袋除尘工艺，配套氮气低压清灰系统和大灰仓设计，实现了耗水近零情况下的高效去除煤气中颗粒物，净化的煤气中颗粒物浓度不超过 5mg/m³，并通过工艺优化后煤气进入 TRT 发电系统后，发电量提高了 86.7%。采用的高炉干法除尘系统单排布置工艺，减少占地面积 20%，降低钢结构消耗 20%。输送设备使用寿命由 0.5~1 年延长至 3 年以上，缩短输灰时间约 60%，减少氮气消耗约 60%，减少循环水 1000 万吨，减少水消耗 80 万~100

万立方米/年,改造后年节能增效超过 4000 万元。

本技术依托于鞍钢集团工程技术有限公司,技术就绪度等级为 TRL-7,目前已经建成工程示范并稳定运行,并推广至鞍钢新 1 号高炉及其他大型高炉干法除尘工程。

3.3.5　热连轧中氧化铁皮控制技术

3.3.5.1　技术内容及基本原理

钢板在高温下会与空气中的氧气接触发生反应生成氧化物,包括氧化亚铁、氧化铁和四氧化三铁三种类型。氧化亚铁处于最接近钢的那一层,当温度低于 570℃ 时,氧化亚铁处于不稳定的状态,随着钢坯表面温度升高,氧化亚铁的含量不断升高,温度升高到 700℃ 以上时,氧化亚铁在氧化铁皮中的含量达到 95%。四氧化三铁是氧化铁皮的中间层,是一种更坚硬、更耐磨的相。温度低于 500℃ 时,氧化铁皮由四氧化三铁单一相组成,当温度高于 700℃ 时,四氧化三铁开始转变为氧化亚铁,且在很高的温度下,四氧化三铁只占氧化铁皮的 4%。氧化铁处于氧化铁皮的最外层,通常在高温下存在,一般只占氧化铁皮厚度的 1%。

氧化铁皮形成的机理比较复杂,其特性与钢水的化学成分、冶炼工艺制度、轧钢的加热制度密切相关,因此不同的钢种必须选择合理的冶炼制度和加热制度,才能获得更好的除鳞效果。板坯的除鳞效果与板材的质量密切相关,而且直接影响产品的成本,除鳞效果好不但可以提高板坯的质量,同时也能降低轧辊消耗。

钢坯在炉内加热过程中,随着氧化铁皮厚度不断增加,生成的孔洞尺寸也会不断增加,而孔洞尺寸和形状对除鳞效果有较大的影响。如果氧化铁皮内的孔洞尺寸较大,当裂纹达到紧密层和多孔层时,由于孔洞对应力的缓解作用而终止了裂纹向钢基的延伸。而对于氧化铁皮孔洞尺寸较小的钢坯,孔洞对应力的缓解作用也相应较小,因此裂纹可以穿过孔洞直达钢基表面,对于这两种不同形状的氧化铁皮进行同样的高压水除鳞,效果不同。氧化铁皮剥离性的优劣在很大程度上取决于裂纹的形态。

一般温度越高,氧化铁皮的生成量越多,这里所指的温度是指钢坯的表面温度,而不是加热炉的炉温,因为氧化过程是在钢坯的表面进行的,而不是在炉膛中间发生的,所以提高炉温未必会增加氧化反应,而且若是因为提高炉温加大炉膛与钢坯表面的温度差,使加热变快,缩短加热时间,反而可以减少氧化。所以应将炉膛温度与钢坯表面温度区分开来,实际生产中控制炉温和加热时间,可减少金属氧化。通过优化板坯氧化层的厚度和结合力,可实现不易氧化、易除鳞的目标,达到高压除鳞用水减量化的效果。

本技术为"水体污染控制与治理科技重大专项"资助形成的关键技术。

3.3.5.2　适用范围

本技术适用于钢铁企业热轧厂加热炉部分。

3.3.5.3　技术创新点及主要技术经济指标

通过加热制度优化,优化了氧化铁皮与基体结合力;通过纳米压痕技术表征低温加热,可以有效降低氧化层与钢基体之间的结合力,同时低温加热技术有效降低了轧制温度，可实现除鳞及机架间过程用水平均减量 20%；解决了同类技术中由于高温氧化造成氧化层较厚及除鳞效率偏低的问题。

3.3.5.4　示范工程及推广应用工程信息

本技术在邯钢热连轧及 3500mm 中厚板生产车间完成了工程示范（见图 3-3），处理规模为 1000t 钢板。示范工程稳定运行一年多，效果良好。轧钢工序中铸坯出加热炉到轧制冷却过程结束，温度从近 1200℃降至约 400℃左右，除空气冷却外，温度下降主要靠冷却水作用。传统铸坯加热温度在 1200℃以上，这个过程除鳞需要消耗大量的冷却水，现针对不同的合金成分体系，通过降低加热温度至 1150℃，改进氧化铁皮厚度和氧化铁皮与基体的结合力，达到除鳞用水减量化目的。铸坯在轧制过程中，开轧温度对钢坯性能及表面质量有重要影响，在保证钢板性能的基础上通过优化开轧温度，控制调整氧化铁皮中 FeO 含量，使氧化层与钢基体协调变形，可实现除鳞及轧制机架间用水减量化 20%。

本技术依托于北京科技大学，技术就绪度等级为 TRL-5。

图 3-3　低温加热技术示范工程

3.3.6　钢板冷却自动化智能控制技术

3.3.6.1　技术内容及基本原理

随着轧钢生产向大型化、高速化、精密化、连续化方向发展，轧钢生产对自动化装备的要求比其他生产工序更高，自动化系统和自动化装备的水平对最终产品的质量影响也最大。因此轧钢系统中采用的自动化设备和系统比较多，各级自动化控制程度也比较高，是现代钢铁工业自动化技术应用最集中的地方。钢板表面特别是角部的温度下降速率比芯部快很多，如果冷却速率控制不当，会造成钢板宽度方向上温差过大，导致冷却之后钢板残余应力过大，严重时会产生角裂，影响钢板的使用性能。因此研究钢板在冷却过程中各点的温度变化、分布及其控制方法，对高质量的板带、钢材生产具有重要意义。采用过程自动化及基础自动化协同智能控制，可以实现钢板位置精确跟踪，由原来的手动模式（人工同时开水方式）改变成自动模式顺序开水，可以大幅节约用水。

本技术为"水体污染控制与治理科技重大专项"资助形成的关键技术。

3.3.6.2　适用范围

本技术适用于钢铁企业热轧厂冷却部分。

3.3.6.3　技术创新点及主要技术经济指标

采用位置精确跟踪技术实现钢板头尾避让及顺序开闭，控制避免冷却过程中的水量浪费。解决了同类技术中缺乏智能化数学模型控制及协同精准位置跟踪策略的问题，实现了节水的目的。通过降低开冷温度、缩减了冷却温降区间，同时结合降低冷却水温、头尾遮蔽及变频控制等智能化技术，实现了控冷水平均减量20%以上。

3.3.6.4　示范工程及推广应用情况

本技术应用于邯钢热连轧及3500中厚板车间，通过降低典型钢种开冷温度，缩减了冷却温降区间，在保证钢板性能的基础上节约了冷却用水，同时结合降低冷却水温，调整生产计划（夜间气温低于5℃，将需要控冷的钢板改为夜间生产）将大幅提高冷却效率，达到节水效果。智能控制方面通过头尾遮蔽及变频控制等智能化技术节约了层流冷却用水，控冷总节水贡献为25.6%，智能化控制技术在邯钢热连轧示范工程的应用如图3-4所示。

图3-4　智能化控制冷却示范工程

3.3.7　循环水高效空冷节水技术

3.3.7.1　技术内容及基本原理

以水膜冷削峰高效空冷器为核心，搭配机械制冷用于极端高温天气下的辅助冷却降温，从而保障整个系统的冷却能力。整个系统的关键设备为高效干-湿联合空冷器，通过密闭循环实现无循环水蒸发损失，整个系统可以实现无液滴飞溅造成的风吹损失、稳定的冷却效率和极低的喷淋水消耗。空冷器下层设有移动布膜装置，使用少量喷淋水在管束翅片上形成一层薄液膜，可以实现迅速汽化吸收大量热量进行湿式冷却，同时吸收空气热量使空气温度降低，降温后的空气与上层管束再次进行换热，进行干式冷却降温。因此整个空冷器具有节水、传热效率高的特点。

为了弥补极端高温天气冷却塔可能出现冷却能力不足的问题，开发了机械制冷补充降温技术和设备。其主要特点是在循环系统内抽取一部分循环水，利用夜间价格较低的平电和谷电制取一定量的冷水并储存，降低制取冷水的成本。当空冷器的冷却能力不足时，利用储藏的冷水补充，同时置换部分循环热水用于冷水制备，形成冷热水循环。整个系统通过理论模拟，形成一套最优控制模型，风机、喷淋水以及冷水的开闭，可以根据外界气象环境和循环水温度的变化实现自动调节，从而实现最大化的节水和节电。

本技术为"水体污染控制与治理科技重大专项"资助形成的关键技术。

3.3.7.2 适用范围

本技术适用于工业循环冷却水系统。

3.3.7.3 技术创新点及主要经济指标

本技术应用于钢铁行业，实现了吨钢循环水蒸发损失量降低 $0.5m^3$。与现有的凉水塔式冷却水系统相比，节水 90%以上。

3.3.7.4 示范工程及推广应用技术

本技术应用于河钢承钢 100t 转炉 1 号铸机结晶器循环冷却水系统，新建循环水量为 $1280m^3/h$ 的冷却塔，主要建设内容包括基础土建、空冷设备的安装和调试。该设备投入使用后可减少软水补水量 $18.5m^3/h$，每年减排浓盐水 5.4 万立方米。设备总投资 500 万元，投资回收期约为 3 年，使用寿命预期为 15 年。

本技术依托于河钢集团有限公司。

3.3.8 循环水水质稳定强化技术

3.3.8.1 技术内容及基本原理

对净循环水系统，特别是气体厂低温冷却净循环水系统进行过程控制，研发超导高强磁场-物化耦合水质稳定强化技术，通过成垢离子脱除、缔合及晶格畸变等作用，避免循环水系统结垢现象发生，实现净循环水高浓缩倍率运行，深度节水、降耗；针对净循环水系统存在生物黏泥的问题，开发新型无机高效复合絮凝技术并耦合高强磁场磁分离技术脱除微纳米级颗粒，避免菌藻及生物黏泥的滋生，达到深度净化水质的目的。

针对敞开式循环冷却水系统，由于循环水浓缩倍数升高，成垢离子浓度升高导致的结垢问题，超导高强磁场-物化耦合技术通过成垢离子脱除、缔合作用以及晶格畸变的作用，改变水的理化性质，提高钙镁离子的溶解度，减少其成垢析出。高强磁场下可促使垢体形成过程中晶格发生歪曲，如碳酸钙垢型会从方解石向文石转变，使垢体变松散，随水流冲走而不在管路或设备表面附着，从而避免结垢影响换热，稳定水质。

针对敞开式循环水系统，由于凉水塔负压使得空气中的大量微纳米颗粒等杂质吸入水中，加之供水中微纳米颗粒脱除不净，导致这些微纳米污染物颗粒在水中形成水溶胶，在设备表面附着形成生物黏泥。针对这一世界性难题，研发新型无机高效复合絮凝与高强磁场耦合技术，通过高效絮凝和超强磁的磁絮凝作用，脱除微纳米颗粒、杀菌灭藻、深度净化水质，阻断生物黏泥生成条件，避免了生物黏泥附着引起的污垢及垢下腐蚀，提高冷却器的使用寿命。

该成套关键技术通过超导-物化耦合净循环水系统除垢、阻垢/抑垢作用以及生物黏泥控制手段，达到水质深度净化、水质稳定，改善换热效果的作用；可有效提高浓缩倍数，节水、节能、降耗。

本技术为"水体污染控制与治理科技重大专项"资助形成的关键技术。

3.3.8.2　适用范围

本技术适用于工业净循环水的绿色阻垢缓蚀，生物黏泥脱除，深度净化，稳定水质，提高浓缩倍数，节能、节水减排。

3.3.8.3　技术创新点及主要技术经济指标

超导高强磁场-物化耦合技术通过成垢离子脱除、缔合以及晶型转变（晶格歪曲）的作用稳定水质，避免硬垢及复合垢形成；通过脱除循环水中细泥等微纳米级颗粒、消除菌藻等微生物等作用避免生物黏泥滋生。

该成套关键技术具有很好的除垢阻垢效果，同时解决了循环水系统生物黏泥滋生这一世界性难题，达到稳定水质，改善换热效果的作用，可显著提高浓缩倍数，节水、节能（节水 15%以上）。

解决了同类技术中因药剂加入导致的氯根富集以及硬垢、软垢、复合垢生成，特别是生物黏泥滋生问题，而且占地小、高效、绿色、低成本。

本技术依托于北京科技大学，相关示范工程正在推进过程中。

3.3.9　循环水电化学处理技术

3.3.9.1　技术内容及基本原理

通过电解使阴极区处于强碱性环境，钙离子、镁离子形成氢氧化钙、碳酸钙、氢氧化镁；阳极区处于酸性环境，会产生大量包括活性氧原子在内的强氧化性物质杀灭菌藻，有效控制微生物的生长，从而实现循环冷却水系统防腐阻垢。结合超声波除垢技术和臭氧杀菌技术，达到强化循环冷却水系统防腐阻垢效果，电化学循环水处理技术工艺流程如图 3-5 所示。

本技术为"水体污染控制与治理科技重大专项"资助形成的关键技术。

3.3.9.2　适用范围

本技术适用于工业循环冷却水系统。

3.3.9.3　技术创新点及主要经济指标

本技术主要是提高浓缩倍数、减少补水量和排污量、减少化学药剂用量，自动化程度

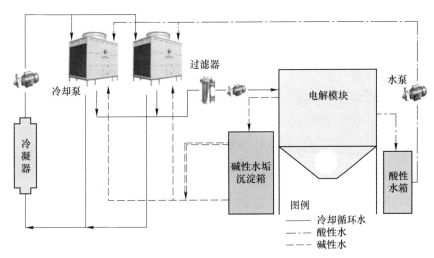

图 3-5 电化学循环水处理技术工艺流程

高，维护方便简单，并可提高换热机组的热效率。技术应用后可使水体总硬度下降40%，水中氯离子去除率近70%。提高浓缩倍数4~6倍，预计污水减排量30%~70%，减少新水消耗量30%。

3.3.9.4 示范工程及推广应用工程技术

本技术已应用于河北钢铁集团承钢公司净环水系统进行改造，该循环水系统循环水量为1000m³/h，补充水量为23m³/h。项目采用旁路安装方式，无需停工停产。整个设备占地面积10m²，核心设备为1台电化学水质稳定设备。

本技术运行一年多，未发现换热器结垢和黏泥附着现象，整个循环水系统的碱度、硬度、浊度以及微生物数量都有明显降低，并且维持在合理范围内，腐蚀速度远低于行业标准。运行过程中无需添加药剂，年节水量达到4.8万立方米，浓缩倍数由原来的2.5倍提高到4倍左右。设备总投资50万元，可使用15~20年。

本技术由武汉理工大学和河钢集团承钢公司联合开发。

3.4 钢铁废水强化处理技术

3.4.1 焦炉脱硫废液定向重构解毒与资源化技术

3.4.1.1 技术内容及基本原理

针对煤化工、钢铁、焦化等行业高浓度真空碳酸钾脱硫废液毒性高、难以处理等问题，通过成功研制氰化物/硫氰化物等高浓度污染物重构转化药剂和一种精脱氰沉淀药剂，研发反应耦合分离设备强化废液组分的固液分离资源化，突破了高毒性脱硫废液定向重构解毒预处理关键技术，形成了脱硫废液低成本定向重构解毒和资源化制备黄血盐集成工艺。

在反应耦合分离成套设备中，首先加入脱硫脱氰重构转化药剂，将硫化物和氰化物重构转化为极低溶度积常数的沉淀物，由于溶度积显著降低，废液中氰化物和硫化物易于沉淀分离，大幅度降低氰化物浓度的同时，将硫氰化物和硫代硫酸盐等资源分离回收，得到高纯度产品；然后加入含铁盐的精脱氰沉淀药剂，通过铁与氰化物的络合吸附作用强化絮凝沉淀精脱除氰化物，实现高毒性脱硫废液的高效解毒，可满足后续生化处理要求；进一步将解毒絮体沉淀渣定向重构资源转化，碱浸结晶制备高附加值产品黄血盐，实现解毒废渣资源化，形成了脱硫废液氰化物定向重构解毒—分离资源化预处理关键技术，真正意义上实现脱硫废液的无害化处理。

本技术为"水体污染控制与治理科技重大专项"资助形成的关键技术。

3.4.1.2　适用范围

本技术适用于煤化工、钢铁、焦化及电力等企业高浓度脱硫废液。

3.4.1.3　技术创新点及主要技术经济指标

本技术解决了高浓度氰化物低成本去除和资源化的技术难题，突破了脱硫废液解毒预处理关键技术，实现高毒性脱硫废液的高效解毒，将脱硫废液中总氰化物含量从 1500～3000mg/L 降低至 50～200mg/L，硫化物含量从 1500～2500mg/L 降低至 10mg/L 左右，同时实现解毒废渣资源化，从根本上解决了困扰真空碳酸钾脱硫工艺的环境污染和废液循环造成设备腐蚀的难题。

3.4.1.4　示范工程及推广应用工程信息

本技术在沈煤集团鞍山盛盟煤气化公司 50m³/d 真空碳酸钾脱硫废液解毒预处理示范工程中得到应用（见图 3-6），通过加入开发的脱硫脱氰重构转化药剂，将废液中硫化物和氰化物重构反应转化为极低溶度积常数的沉淀物，分离沉淀后，再经过脱氰絮凝剂进一步实现氰化物深度脱除，解毒后废液满足生物处理要求，进入焦化废水处理系统（见图 3-7），从根本上解决了困扰真空碳酸钾脱硫工艺的环境污染和废液循环造成的设备腐蚀的老大难问题。表 3-1 为脱硫废液预处理系统水质变化情况，目前该处理技术已经推广到鞍钢鲅鱼圈园区（见图 3-8）、邯钢和重钢等企业。

本技术依托于中国科学院过程工程研究所，技术就绪度等级为 TRL-7。

图 3-6　鞍山盛盟煤气化有限公司焦化废水处理示范工程全景

图 3-7 脱硫废液预处理系统

表 3-1 脱硫废液预处理系统水质变化 （mg/L）

名称	硫化物含量	总氰化物含量	COD_{Cr}含量
脱硫废液原水	1500~2500	1500~3000	5000~10000
处理后废水	0~10	50~200	<1000

图 3-8 鞍钢鲅鱼圈项目现场

3.4.2 酚油协同萃取技术

3.4.2.1 技术内容及基本原理

通过多溶剂混合萃取体系热力学基础研究，设计开发了一种高效协同萃取体系，可采用萃取法同时脱除酚油。采用优选高效萃取体系强化脱除酚油，可获得较大的分配比，且萃取剂在水中溶解度低，损耗小。

本技术为"水体污染控制与治理科技重大专项"资助形成的关键技术。

3.4.2.2 适用范围

本技术适用于煤化工、钢铁等企业焦化废水的预处理。

3.4.2.3 技术创新点及主要技术经济指标

本技术的工艺流程为：

（1）预脱焦油和煤灰。去除废水中大部分焦油和煤灰，同时避免废水中少量悬浮物或者油类堵塔，在蒸氨、萃取之前设置预萃取反应器可以缓解后续设备压力，保证工艺顺利运行。

（2）深度除油脱酚。将除油后的废水脱酸脱氨后，与来自萃取剂储槽的萃取剂在萃取塔中逆流接触萃取。完成深度脱酚除油任务，主要降低总酚指标；萃取塔可为板式塔也可为填料塔，塔内液体温度为 30~60℃。经过深度除油脱酚后，废水可排入生化处理系统。

（3）富酚有机相反萃。从萃取塔出来的富酚有机相进入反萃塔，采用浓度为 10%~20%氢氧化钠水溶液反萃。萃取剂在反萃塔中可反萃再生，循环使用。

（4）萃后溶剂净化。反萃塔顶出来的再生萃取剂 90%进入萃取剂储槽循环使用，其余 10%送入净化塔去除焦油。萃后溶剂净化塔塔内压力为 0.1~1atm（1atm = 101.325kPa），塔釜温度为 150~200℃，塔顶温度为 90~160℃。借助于分子设计和化学品性质数据库分析，开发了针对不同类型有机物回收的萃取剂智能化筛选与优化匹配平台，解决了传统二异丙醚、MIBK 萃酚好但解毒差的问题，结合萃取剂净化、专用设备研制，形成了酚油萃取协同解毒的成套技术，回收资源的同时显著降低了废水的生物毒性，为提高废水生化处理稳定性提供保障；使用专利混合溶剂作为萃取剂，可以提高对多元酚、杂环化合物的萃取能力，同时能够预先有效脱除焦油和微小焦粉颗粒，保证工艺顺利运行，对含油量比较高的酚氨废水处理效果显著。

实验结果表明，通过两级萃取，新萃取剂体系及萃取工艺可实现废水中单元酚、多元酚、杂环化合物和多环化合物的协同萃取，分配系数较传统萃取分别提高 15%~20%、100%~120%、50%~60% 和 130%~150%，同时萃取剂在实际废水中的溶解度不足传统萃取剂的 1/30。

3.4.2.4 示范工程及推广应用工程信息

本技术率先用于陕西乾元 5m³/h 兰炭废水脱酚蒸氨处理项目（见图 3-9），其水质成分复杂、污染物浓度高、毒性大，通过酚油协同萃取技术，使水中油含量从 2000~2500mg/L 降到 150mg/L 以下，总酚含量从 12000mg/L 降到 2000mg/L 以下，单元酚含量从 4000mg/L 降到 100mg/L 以下。

本技术也在云南先锋化工有限公司煤气化废水预处理改造项目中完成工程示范（见图 3-10），设计处理规模为 100m³/h，采用酚油协同萃取技术，实现出水水质 COD_{Cr} 含量不超过 5000mg/L，总酚含量不超过 350mg/L，总氮含量小于 200mg/L，石油类污染物含量不超过 50mg/L，有效回收了酚资源，并为下一步生化高效稳定处理创造条件。另外，该协同萃取技术也已推广至新疆天雨煤化工废水脱酚蒸氨处理工程（见图 3-11）。

本技术依托于中国科学院过程工程研究所，技术就绪度等级为 TRL-7。

图 3-9　陕西乾元兰炭废水脱酚蒸氨处理示范工程

图 3-10　云南先锋煤气化废水预处理示范工程

图 3-11　新疆天雨煤化工废水脱酚蒸氨处理示范工程

3.4.3　梯级生物强化降解技术

3.4.3.1　技术内容及基本原理

针对焦化废水生化处理，为进一步提高 A-O-O 工艺处理性能和效果，筛选出具有耐受/降解转化喹啉/吡啶能力的高效菌株，采用生物强化技术来降解喹啉、吡啶类氮杂环化合物，监测目标污染物的含量变化以及通过高通量测序技术，监测生物强化各阶段微生物群落组成，揭示系统内部微生物群落结构变化情况，探究优势菌功能，揭示系统性能与微生物群落结构的关系。

其基本原理主要分为：

（1）A-O-O 模拟反应器的三个生物单元的功能和作用明显不同，在焦化废水处理过程中发挥着各自特殊的功能。缺氧段，难降解有机物在水解酸化条件下转化为更容易降解的小分子化合物，以有机物为电子供体，NO_3^- 和 NO_2^- 为电子受体发生反硝化作用；好氧段一，有机物进一步降解成小分子，生成 CO_2 和 H_2O；好氧段二，发生硝化作用。污染物的有效去除是依靠 A-O-O 系统中不同微生物的综合作用，各单元发生的主要生化反应如下：

1）缺氧：$C_6H_5OH + 4H_2O \longrightarrow 3.5CH_4 + 2.5CO_2$

$$10NO_3^- + 2C_6H_5OH \longrightarrow 5N_2 + 12CO_2 + 4H_2O + 4OH^-$$

$$NO_3^- + 0.33C_6H_5OH \longrightarrow 0.166C_5H_7NO_2 + 1.167CO_2 + 0.5OH^- + 0.416N_2 + 0.167\ H_2O$$

2）好氧一：$C_6H_5OH + 7O_2 \longrightarrow 6CO_2 + 3H_2O$

3）好氧二：$NH_4^+ + 1.5O_2 \longrightarrow NO_2^- + 2H^+ + H_2O$

$$NO_2^- + 0.5O_2 \longrightarrow NO_3^-$$

$$NH_4^+ + 2O_2 \longrightarrow NO_3^- + 2H^+ + H_2O$$

（2）针对难降解氮杂环类化合物，选用喹啉和吡啶作为目标污染物，在焦化废水污泥中富集驯化分离具有耐受/降解转化喹啉/吡啶能力的高效菌株 Pseudomonas sp.（假单胞菌）和 Rhodococcus sp.（非模式菌株），加入好氧池中进行生物强化。根据相关实验数据，推测 Pseudomonas sp. 是通过 2,3 羟基苯丙酸降解途径来降解喹啉，而 Rhodococcus sp. 则是通过 2,6 羟基苯丙酸途径来降解喹啉；吡啶则是在 N-C2 或 C2-C3 处打开吡啶环来进行降解的，最终出水中含氮杂环化合物的浓度明显降低。结果表明，该高效菌株能够有效去除实际焦化废水中的难降解有机物。

本技术为"水体污染控制与治理科技重大专项"资助形成的关键技术。

3.4.3.2　适用范围

本技术适用于焦化废水和其他含氮杂环废水的生化处理。

3.4.3.3　技术创新点及主要技术经济指标

筛选出具有较高耐受力和降解转化能力的菌种，并揭示出难降解有机物吡啶/喹啉的去除机理。通过添加高效降解菌来处理焦化废水，缓解了同类技术中有机物去除不理想、氨氮排放不达标等问题。将反应器的处理效能与微生物群落的变化结合在一起，揭示了生物强化过程中微生物群落结构的功能。

在实际焦化废水中，添加高效降解菌进行生物强化后，氨氮的去除率能达到 75% ~ 90%，COD$_{Cr}$ 去除率相比于对照组提高了 10% ~ 15%，吡啶与喹啉的去除率相比于对照组分别提高了 10% ~ 15% 和 7% ~ 10%。

本技术依托于中国矿业大学（北京），技术就绪度等级为 TRL-6。

3.4.4 氧化重构耦合絮凝高效脱氰技术

3.4.4.1 技术内容及基本原理

钢铁、煤化工等行业焦化废水、综合废水等不同来源的废水，成分复杂，经生化处理后出水仍存在低含量的氰化物（0.5 ~ 5mg/L）和多元酚等小分子极性污染物，并且含发色基团，从而导致焦化废水生化出水色度非常高。国内工业废水普遍采用絮凝工艺进行废水深度处理，对疏水性、大分子污染物去除效果较好，但对氰化物和色度去除效果有限，难以去除低含量络合氰（1 ~ 5mg/L），不能满足国家行业和地方废水排放新需求、新排放标准（如《炼焦化学工业污染物排放标准 GB 16171—2012》《辽宁省污水综合排放标准 DB 21/1627—2008》《天津市污水综合排放标准 DB 12/356—2018》等标准中限定废水中氰化物排放含量不高于 0.2mg/L），已成为焦化废水深度处理领域的技术难题，严重制约煤化工、钢铁、焦化等行业可持续发展。

针对钢铁行业焦化废水中低浓度氰、酚等污染物难以稳定达标排放的实际需求，研发氧化重构强化絮凝新技术与复合功能商用药剂，通过以过渡金属氧化物为活性中心的弱氧化剂将低含量酚、氰污染物高效定向重构转化为容易沉淀的聚合偶联产物；进一步通过研发系列单位电荷密度/相对分子质量的有机高分子环保药剂，通过提高药剂单位相对分子质量的电荷密度，高效絮凝分离重构过程产生的聚合偶联产物，实现总氰和有机物 COD 协同去除与达标。

本技术为"水体污染控制与治理科技重大专项"资助形成的关键技术。

3.4.4.2 适用范围

本技术适用于钢铁、焦化、煤化工企业不同来源的废水，包括焦化废水生化出水深度处理、综合废水深度处理、高炉煤气洗涤水预处理等。

3.4.4.3 技术创新点及主要技术经济指标

研发了氧化重构强化絮凝新技术与复合功能商用药剂，在过渡金属为活性中心的弱氧化剂作用下实现 90% 以上氰/酚/硫等毒性官能团高效氧化重构转化为容易沉淀的聚合偶联产物，污染物相对分子质量提高 4 ~ 21 倍、亲水/疏水官能团比例降低 17% ~ 43%；以污染物氧化重构过程化学结构变化——亲疏水/相对分子质量特征的关键指标为突破口，进一步设计研发出系列单位电荷密度/相对分子质量的有机高分子环保药剂，高效絮凝分离不同亲疏水/相对分子质量特征的聚合产物，COD 和色度去除率与常规絮凝工艺相比分别提高 20% ~ 30% 和 40% ~ 45%，总氰化物和酚去除率大于 90%。

与常规絮凝相比，新技术与药剂具有突出的技术经济优势，氰化物和酚的去除率由

10%～25%提高至 90%以上，COD 去除率由 20%～30%提高至 50%以上，色度去除率由 15%～20%提高至 60%以上，且出水氰化物稳定，满足炼焦化学工业污染物排放标准（GB 16171—2012）、《钢铁工业水污染物排放标准》（GB 13456—2012）和辽宁省（DB 21/1627—2008）等地方排放标准要求，解决了钢铁、焦化等行业极性有机物、氰化物、色度难以协同去除的技术瓶颈问题。

3.4.4.4　示范工程及推广应用工程信息

在水专项相关课题资助下，氧化重构强化絮凝新技术和复合药剂分别应用于鞍钢集团化工五期焦化厂焦化废水强化集成处理示范工程（处理规模为 400m³/h，见图 3-12），西大沟钢铁综合废水处理厂钢铁园区综合废水处理示范工程（处理规模为 2000m³/h）和武钢-平煤联合焦化厂焦化废水处理工程（处理规模为 480m³/h，见图 3-13）。五期焦化废水处理 COD 去除率大于 50%、总氰化物去除率大于 90%、出水总氰化物含量不超过 0.2mg/L，出水指标稳定，满足炼焦化学工业污染物排放标准（GB 16171—2012），实现氰化物减排 21.7 吨/年；西大沟综合废水处理后氰化物含量低于 0.2mg/L，满足《钢铁工业水污染物排放标准》（GB 13456—2012）和《辽宁省污水综合排放标准》（DB 21/1627—2008）。该技术也应用推广于河钢集团邯钢焦化厂 110m³/h 酚氰污水提标改造工程，邯钢集团邯宝钢铁有限公司废水处理提标改造工程（处理规模为 150m³/h），氰化物含量从 20mg/L 降到 0.2mg/L，取得很好的运行效果。

本技术依托于中国科学院过程工程研究所，技术就绪度等级为 TRL-8。

图 3-12　鞍钢集团化工五期焦化厂废水示范工程

3.4.5　焦化废水梯度催化臭氧氧化深度处理技术

3.4.5.1　技术内容及基本原理

焦化废水经生化和絮凝处理后，大部分有机污染物已被去除，但还残留少量难降解毒性有机物，无法实现 COD 和毒性有机物达标排放或回用。针对焦化废水的生化尾水中的难降解有机物去除难题，开发了碳-金属复合的非均相臭氧氧化催化剂，可催化分解臭氧高效产出超氧自由基、羟基自由基、单线态氧等活性氧，并基于不同活性氧的氧化能力强弱及与不同结构有机物的作用关系，创新设计出梯度氧化工艺。利用超氧自由基等弱氧化活性氧降解

图 3-13 武钢-平煤焦化废水处理示范工程

毒性取代酚及其他目标污染物，利用无选择性强氧化的羟基自由基降解中间产物和其他难降解污染物，将废水中的残留有机物彻底氧化成二氧化碳和水。通过计算流体动力学模拟优化塔内结构设计，提高臭氧氧化塔内气液传质过程，实现传质和反应过程的科学匹配。通过以上措施，提高臭氧的利用效率，并且提高有机物降解程度。开发的非均相催化臭氧氧化剂可稳定使用 3.5 年以上，并形成了不同规格的商业化的大型催化臭氧氧化塔。

本技术为"水体污染控制与治理科技重大专项"资助形成的关键技术。

3.4.5.2 适用范围

本技术适用于钢铁焦化废水、独立焦化厂、煤化工废水深度处理。

3.4.5.3 技术创新点及主要技术经济指标

开发了一种高效活化臭氧的复合催化剂，提高了臭氧活化产羟基自由基和其他活性氧的效率，并通过组分复合解决了催化剂失活问题，能够保障催化剂长时间稳定运行。另外，通过塔内件设计优化氧化塔内部传质过程，共同提高了臭氧利用效率，降低处理成本，并率先在鞍钢集团焦化废水处理工程实现工程化应用。该技术具有独立知识产权，具有催化剂活性高，稳定使用，寿命长等优点，处理焦化废水生化出水时 COD_{Cr} 去除率大于 50%，出水 COD 稳定达标，并可有效去除有毒污染物。

3.4.5.4 示范工程及推广应用工程信息

本技术率先应用于鞍钢集团化工总厂三期焦化废水改造工程（处理规模为 200m³/h）（见图 3-14），为行业内首套催化臭氧氧化深度处理焦化废水示范工程，处理出水 COD_{Cr} 含量小于 50mg/L，苯并芘、多环芳烃等毒性污染物浓度也满足《炼焦化学工业污染物排放标准》（GB 16171—2012），开发的复合催化剂可稳定使用 3.5 年以上。

此外，该技术还用于武钢-平煤联合焦化公司焦化废水提标改造工程（见图 3-15），处理规模为 480m³/h（行业内单套处理规模最大），采用梯度催化臭氧氧化作为深度处理工艺，处理出水 COD_{Cr} 浓度从 120mg/L 左右降至 50mg/L 以下，稳定实现焦化废水深度处理达标排放难题，废水处理后直排长江。技术应用推广还包括邯钢东区焦化废水催化臭氧氧化工程（处理规模为 110m³/h，见图 3-16）、邯钢西区焦化废水催化臭氧氧化处理工程（处理规模为 150m³/h），安阳钢铁焦化废水催化臭氧氧化工程（处理规模为 300m³/h，见图 3-17），涟钢酚氰废水催化臭氧氧化示范工程（处理规模为 110m³/h，见图 3-18）以及攀钢焦化废水催化臭氧氧化处理工程（处理规模为 150m³/h）等十多套示范工程。

本技术依托于中国科学院过程工程研究所，技术就绪度等级为 TRL-9。

图 3-14　鞍钢三期焦化厂废水催化臭氧氧化示范工程

图 3-15　武钢-平煤焦化废水催化臭氧氧化示范工程　　图 3-16　邯钢东区焦化废水催化臭氧氧化示范工程

图 3-17　安阳钢铁焦化废水催化臭氧氧化示范工程　　图 3-18　涟钢酚氰废水催化臭氧氧化示范工程

3.4.6 纳米陶瓷膜过滤-电絮凝耦合处理酸性废水技术

3.4.6.1 技术内容及基本原理

现阶段我国轧钢酸洗废水主要是采用中和法处理，一般采用石灰、烧碱等对酸洗废水等进行酸碱中和处理，提高废水的 pH 值，同时添加重金属捕捉剂，沉淀重金属离子，后续通过固液分离实现废水和泥渣的分离，废水可达标排放。在此过程中消耗了大量的碱性药剂如烧碱、石灰等，许多可以回收利用的物质如 Fe^{3+} 等都被处理掉，且产生大量酸洗污泥，污泥含有大量重金属、脱水干燥困难、处理难度大，易形成二次污染。

开发了纳米导电陶瓷无机膜-电絮凝耦合处理酸洗废液关键技术，在实现酸洗废液无害化处理的同时，将电絮凝副产物进行资源化利用，制备成聚铁类高分子混凝剂。首先以商品化的无机陶瓷超滤膜为基底，通过对其表面进行导电修饰处理，使其在耐酸碱腐蚀的基础上具备良好的导电性能，可作电化学极板使用，并以该膜材料为反应器核心研究出一套电絮凝-陶瓷膜分离耦合反应装置。基于上述开发材料，以铁为阳极，纳米导电陶瓷无机膜为阴极，构建电絮凝耦合导电陶瓷膜超滤处理废水/废液系统，通过电絮凝作用去除水中的重金属、有机物等，同时酸洗废水中的 H^+ 被电絮凝过程产生的 OH^- 中和，升高水体 pH 值。后续经纳米导电陶瓷膜超滤，进一步提高出水水质，同时污染物也能在电场作用下被进一步去除，有效延缓膜污染，提高膜的使用寿命。电絮凝过程中所产生的絮体残渣富含大量的铁资源，将其用于混凝剂的制备，进一步实现废物的资源化利用。

本技术为"水体污染控制与治理科技重大专项"资助形成的关键技术。

3.4.6.2 适用范围

本技术适用于轧钢酸洗废液处理。

3.4.6.3 技术创新点及主要技术经济指标

纳米导电陶瓷无机膜-电絮凝耦合技术将酸洗废液的高效、无害化处理与资源化处理有机的结合起来，解决了钢铁酸洗废液处理困难、处理成本高的难题，同时还能带来显著经济效益，具有广阔的应用前景。

（1）对不导电的陶瓷超滤膜进行导电涂层修饰，使其在耐酸碱腐蚀的基础上具有良好的导电性能，可作为电絮凝阴极，实现了膜分离与电化学作用的耦合，解决了膜分离过程中存在的选择性不足和膜污染等问题，提高了膜的抗污性能。并且制备的纳米导电陶瓷无机膜析氢性能及耐腐蚀性能优于不锈钢阴极，可以有效减少极板损耗。

（2）开发的纳米导电陶瓷无机膜-电絮凝耦合技术实现了酸洗废液的高效、无害化处理与资源化利用。经纳米导电陶瓷无机膜-电絮凝耦合处理后的酸洗废水出水 pH 值稳定在 6 以上，出水中的铬、镍、铜等重金属离子浓度满足《钢铁工业水污染物排放标准》（GB 13456—2012）的排放要求。

（3）对制备的混凝剂产品性能进行分析，发现其盐基度均值为 17% 左右，产品稳定性较好，有害物质含量均满足《聚合硫酸铁液体制备标准》（GB 141591—2016）中合格品标准，可用于工业废水一级处理。

3.4.6.4　示范工程及推广应用工程信息

本技术应用于北京顺义 SMC 第三工厂铸造脱模剂废水及清洗废液处理改造工程（见图 3-19），处理效果良好。设计处理规模为脱模剂废水 $48m^3/d$，进水 COD_{Cr} 含量为 8000 ~ 15000mg/L；废清洗液处理规模为 $16m^3/d$，COD_{Cr} 含量不超过 52000mg/L。混合废水经荷电陶瓷膜处理达标后排放，出水执行北京市地方标准《水污染物排放标准》（DB 11/307—2005）中排入城市下水道中的标准限值，即主要指标 COD 含量不超过 500mg/L，BOD 含量不超过 300mg/L，悬浮物含量不超过 400mg/L，石油类含量不超过 10mg/L。

图 3-19　纳米陶瓷无机膜-电絮凝耦合处理酸洗废液技术示范工程

通过项目实施系统运行良好，出水水质稳定，COD 含量小于 300mg/L，石油类含量小于 5.0mg/L。

本技术依托于中国矿业大学（北京），技术就绪度等级为 TRL-6。

3.4.7　轧钢乳化液新型化学破乳处理技术

3.4.7.1　技术内容及基本原理

化学破乳剂多为两亲性分子，可以帮助乳液实现油水分离。破乳剂的种类很多，包括离子型表面活性剂、非离子聚醚型破乳剂、聚酰胺类破乳剂等，其中聚酰胺类破乳剂显示出较大的优势，受到越来越广泛的重视。聚赖氨酸（ε-PL）是一种由很多 L-赖氨酸组成的同型单体聚合物，通过微生物发酵来制备，是具有聚酰胺结构的天然产物，被广泛开发用于防腐、杀菌、药物载体以及高吸水性聚合物等方面。以聚赖氨酸为基础，构建两亲分子作为破乳剂，能够综合聚酰胺和阳离子型破乳剂的优势，应对现有破乳剂的不足。特别是针对以轧钢废水为代表的复杂乳液的处理，聚赖氨酸衍生物可以通过表面活性作用、反相乳化作用以及反离子作用实现高效的破乳。

项目开发了一种聚赖氨酸衍生物作为新型破乳剂，可降低破乳成本，且无二次污染，适用于多种废水的破乳处理。此类聚赖氨酸衍生物的主要特征在于部分氨基被十二烷、庚烷和/或辛烷等烷基取代，可用于对炼钢废水、冶金废水、水包油型原油乳液、油田污水以及石油化工厂废水进行破乳。无论是聚赖氨酸衍生物还是其降解产物都源自天然产物，对环境无害。该破乳剂具有广泛的适用性，既可以用于钢铁冶金企业又可以用于石油企业的废水处理；该破乳剂通过低成本的原料和简单的合成方法即可大批量制备，成本低廉。

本技术为"水体污染控制与治理科技重大专项"资助形成的关键技术。

3.4.7.2 适用范围

本技术适用于多种废水的破乳处理。

3.4.7.3 技术创新点及主要技术经济指标

以手性天然产物的衍生物为基础开发破乳剂，综合了聚酰胺和阳离子破乳剂的特点。分子手性可促进破乳过程中的相分离、聚集和絮凝过程，具有创新性和自主知识产权。具有低成本、无污染的优点，可降低破乳成本、保护环境；且应用广泛，适用于多种废水的破乳处理。

本技术依托于北京科技大学，技术就绪度等级为 TRL-5。

3.4.8 低碳反硝化生物脱氮技术

3.4.8.1 技术内容及基本原理

对包括好氧-缺氧（O/A）工艺组合方式、反硝化溶解氧去除方法、反洗余气加速排放方法及装置等方面进行了科研攻关，研制开发了一种无硝化液回流、溶解氧含量低、总氮去除效率高的工艺方法，满足综合废水总氮达标排放要求。

本技术为"水体污染控制与治理科技重大专项"资助形成的关键技术。

3.4.8.2 适用范围

本技术适用于钢铁园区综合废水深度处理总氮去除、市政污水提标改造总氮去除。

3.4.8.3 技术创新点及主要技术经济指标

针对总氮脱除这一钢铁行业水处理领域面临的难题，创新开发了强化反硝化高效脱除总氮工艺技术，采用前端反硝化-好氧-缺氧（A-O-A）处理工艺，利用惰性气体吹脱出废水中溶解氧以及反硝化生物滤池反洗余气加速排放装置，实现了抑制好氧菌生长，降低了溶解氧对碳源消耗，增加反硝化菌数量，快速恢复反硝化生物滤池反硝化功能，使综合废水处理后符合总氮达标排放的要求。

3.4.8.4 示范工程及推广应用工程信息

本技术应用于鞍山钢铁主厂区西大沟废水深度处理回用项目，应用效果显著，废水处理规模为 2000m³/h，处理后总氮含量低于 15mg/L，处理出水在厂区内回用率达到 93.4%。

目前已推广至本钢板材厂综合废水达标外排工程（处理规模为 500m³/h）和本溪北

营厂综合废水达标外排工程（处理规模为 $540m^3/h$），目前工程已建成，正在调试运行。本技术依托于鞍钢集团工程技术有限公司，技术就绪度等级为 TRL-7。

3.4.9　生化尾水电吸附深度脱盐技术

3.4.9.1　技术内容及基本原理

电吸附技术基本原理是利用带电电极表面吸附水中离子及带电粒子的现象，使水中溶解盐类及其他带电物质在电极的表面富集浓缩而实现水的净化/淡化的一种新型水处理技术。在电化学体系中，当溶液通过两通电的电极间时，如果两电极间施加低于溶液的分解电压时，带正电荷的正极相吸引溶液中的负离子，而负极吸引正离子，形成双电层，而电极的作用仅仅是提供电子或从界面层中移走电子，界面电荷的大小依赖于所加电势。这样形成的双电层具有电容的特性，可以充电或放电，充电时电极一侧的充电电荷由电极上的电子或正电荷提供，而溶液一侧的充电电荷由溶液中的阳离子或阴离子提供，电子通过外电源从正极传入负极，而溶液中正负离子分开分别到达电极表面；放电时反之。双电层结构相当于一个电容器，其所带的电荷大小由双电层的电容和施加的电压决定。所以在不发生法拉第反应的条件下，对电极施加电压可以把溶液中的离子吸附到电极周围，而去掉电压会把吸附到电极周围的离子释放到溶液中。电吸附正是利用这个原理，通过在电极两侧施加电压，强制水中的离子吸附到电极的附近，从而降低溶液中的离子浓度。

本技术为"水体污染控制与治理科技重大专项"资助形成的关键技术。

3.4.9.2　工艺流程

电吸附工艺流程大致可以分为工作流程、排污流程和再生流程等三个步骤。试验原水为生化二沉池出水经过混凝沉淀+纤维球过滤+活性炭过滤处理，既作为排污进水又作为再生进水；同时为研究部分水质指标的平均处理效果，工作出水和排污出水设置了单独的收集装置。工作流程主要是储存在原水池中的原水通过提升泵打入保安过滤器，部分残留固体悬浮物或沉淀物在此道工序被截流，水再被送入电吸附模块。水中溶解性的盐类被吸附，水质得到净化。排污过程本质和再生过程一样，是一个模块的反冲洗程序，但水源有区别。排污过程用中间水池的水，即再生之后的浓水，这是一个有效的节水过程，因为再生之后的浓水尚未达到饱和，所以用再生产生的浓水冲洗模块，可节省冲洗过程的用水量，提高产水率。再生流程就是模块的反冲洗过程，用原水冲洗经过短接静置的模块，使电极再生。反冲洗后的水被送入中间水池，进入中间水池的水等待下一个周期排污用。

3.4.10　综合废水深度催化臭氧氧化技术

3.4.10.1　技术内容及基本原理

钢铁综合废水汇总了园区内各车间产生的多种废水，是园区水污染管控的重要环节。随着国家和地方废水排放标准提高，对总氮和 COD 浓度提出新的要求，原有的处理工艺无法满足环保要求。针对钢铁综合废水 COD 低成本达标处理的需求，开发了一种表面改性的高活性碳基催化剂，利用碳催化剂的大比表面积富集低浓度有机物，并催化分解臭氧产生活性氧，深度去除其他工序排入的低浓度难降解有机物，实现综合废水达标排放的目标，或根据用水需求将深度处理后的综合废水在园区内高效回用。

本技术为"水体污染控制与治理科技重大专项"资助形成的关键技术。

3.4.10.2　适用范围

本技术适用于钢铁园区综合废水和化工园区综合废水的深度处理。

3.4.10.3　技术创新点及主要技术经济指标

非均相催化臭氧氧化技术处理难降解有机物具有优势，但国内外处理钢铁综合废水的应用案例极少，主要是成本偏高。项目开发了一种表面改性的碳基催化剂，价格低廉且催化剂使用量较少，在降低催化剂采购和运行成本的同时，保障有机物降解效果。另外，通过优化气液传质过程提高臭氧的利用效率，降低臭氧用量，并且无需建设大型催化臭氧氧化塔。通过以上多种策略协同，形成了一种成本较低、适用于钢铁综合废水深度处理的非均相催化臭氧氧化技术，并率先建成了钢铁综合废水深度处理及回用的工程示范。

本技术拥有独立自主知识产权，催化剂成本低，催化活性高，稳定运行时间久。

3.4.10.4　示范工程及推广应用工程信息

本技术在鞍钢集团西大沟综合废水厂建成示范工程（见图 3-20），规模为 2000m³/h，出水 COD_{Cr} 含量低于 30mg/L，氨氮、总氮和毒性有机物等浓度均满足辽宁省地方排放标准和行业排放标准，处理出水回用率达到 93.4%。另外，该技术还推广至本溪钢铁两项综合废水处理工程，处理规模分别为 500m³/h 和 540m³/h。

工程总览

臭氧氧化处理池

臭氧氧化进水

图 3-20　鞍钢西大沟综合废水处理示范工程

本技术依托于中国科学院过程工程研究所，技术就绪度等级为 TRL-8。

3.4.11　多流向强化澄清技术

3.4.11.1　技术内容及基本原理

钢铁企业综合污水经过多流向强化澄清器和 V 形滤池处理，产水经过自清洗过滤器到超滤反渗透深度处理系统。配合循环水含盐量控制技术，出水直接回用或者与其他水种勾兑回用。

其中多流向强化澄清器集加药混合、反应、澄清、沉淀、污泥浓缩于一体，采用了浓缩污泥回流循环和高效斜管沉淀技术，使药剂的投加量较传统工艺低 25%，有效节约处理成本，并能有效抗击来水的冲击负荷，池内排出的污泥无需进浓缩池或加药，可降低污泥处理费用。该设备既强化了活性污泥的内外循环，又将具有污泥浓缩作用的刮泥机集成到一起，可以大大提高排泥浓度，排出污泥可直接去脱水设备脱水，不需要设二次浓缩池。

本技术为"水体污染控制与治理科技重大专项"资助形成的关键技术。

3.4.11.2　适用范围

本技术适用于钢铁企业总排口综合污水（不含焦化废水）的处理与回用。

3.4.11.3　技术创新点及主要技术经济指标

本技术的创新点包括：

（1）智能加药系统。对各加药环节通过 pH 或 ORP 作为控制参数进行监控，并确定控制参数变化曲线，因此采用 PID 负反馈控制系统，并结合参数变化曲线，利用 PLC 可编程控制器进行模块化设计。

（2）刮泥机自动控制与过载保护装置。发明的刮泥机过扭矩保护系统，利用可编程控制器和扭矩测量传感装置，实现了刮泥机过载保护的自动化控制，大大提高了运行效率和过载防护的准确性。

（3）自动排泥系统。自动排泥系统包括刮泥机、澄清池体、排泥泵、标定浓度取样管、可编程控制器和扭矩传感器。排泥系统进一步实现了自动排泥系统的完全自动化控制，不仅提高了澄清池的处理效率，而且大大提高了排泥系统的运行效率和刮泥机过载防护的准确性，通过可编程控制器确定了污泥沉淀量和刮泥机阻力的正比系数 $K1$，实现用 PLC 编程控制排泥泵的开启。使排泥系统的可靠性和自动化程度显著提高，可实现自动化排泥和安全稳定运行。

（4）标准化设备设计。对多流向强化澄清器根据实际工程的常用规模分别进行了系列化设计，处理规模分别为 $200m^3/h$、$350m^3/h$、$500m^3/h$、$600m^3/h$，可分别满足不同处理水量的工程需求。

本技术与混凝搅拌池和斜管沉淀池组合相比，COD 去除率提高了 27.4%，SS 去除率提高了 24.5%；与进口设备相比，多流向强化澄清器设备成本降低约为 44.7%。

3.4.11.4 示范工程及推广应用工程信息

本技术应用于营口京华钢铁有限公司扩建污水处理工程（见图 3-21~图 3-24）。营口京华钢铁有限公司扩建污水处理厂采用多流向强化澄清器+V 型滤池的预处理工艺，处理出水进入超滤、反渗透为主体的深度处理工艺，处理规模为每天 3.5 万立方米。预处理出水 SS 含量不超过 5mg/L，浊度不超过 5mg/L，电导率不超过 3750μS/cm，COD_{Cr} 含量不超过 45mg/L。通过项目实施，每年减少新水用量 895 万立方米，同时每年减少外排污水1086 万立方米，每年减少悬浮物排放量 1235t，COD 排放量 473t，石油类排放量 102.2t。

图 3-21 多流向强化澄清器设备

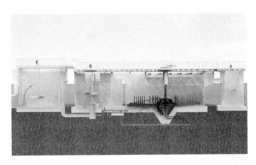

图 3-22 多流向强化澄清器设备内部结构

图 3-23 示范工程项目整体图

图 3-24 示范工程超滤反渗透深度处理车间

本技术已推广至马来西亚马中关丹产业园 350 万吨钢铁项目公辅单元节能环保 EPC项目，TPCO（天津钢管集团股份有限公司）美国得克萨斯 Texas 全厂废水处理工程，日照钢铁污水处理厂扩容改造工程，张家港宏昌钢板公司东区 15 万吨/天中水回用工程，广西钢铁防城港基地全厂污水处理工程。

本技术依托于中冶建筑研究总院有限公司，技术就绪度等级为 TRL-8。

3.5 钢铁废水回用技术

3.5.1 焦化尾水闷渣热平衡自动调控技术

3.5.1.1 技术内容及基本原理

焦化尾水回用于钢渣热闷处理过程中，焦化尾水与 1600℃ 熔融钢渣发生汽化消解反应，以消除钢渣中 f-CaO、f-MgO 造成的钢渣稳定性不良。依据水、气、渣热平衡，严格调控过程和工艺参数，保证尾渣利用和不产生二次污染。将焦化生化后出水进一步经过臭氧催化氧化和曝气生物滤池后，通过管道直接输送到钢渣热闷系统。钢渣热闷采用罐式封闭式有压热闷工艺，可以保证过程中产生的挥发气体有组织地处理排放。严格控制焦化尾水中氯离子浓度，焦化尾水进入钢渣热闷系统浓缩循环使用，循环水中氯离子极限含量为1000mg/L。在钢渣热闷水系统中投加自主研发的 YJ-30X 和 YJ-40X 复合缓蚀阻垢药剂，以解决焦化尾水对罐式钢渣有压热闷系统产生的结垢和腐蚀影响。

本技术为"水体污染控制与治理科技重大专项"资助形成的关键技术。

3.5.1.2　适用范围

本技术适用于钢铁企业焦化尾水回用于钢渣热闷处理。

3.5.1.3　技术创新点及主要技术经济指标

本技术的创新点及主要技术经济指标有：

(1) 将钢铁企业难以回用的焦化污水经过处理后在钢渣热闷区域实现有效消纳。

(2) 通过钢渣热闷处理工艺的革新，实现钢渣热闷区域工作环境的改善，避免了热闷过程中由于消纳焦化尾水产生的二次污染。

(3) 提出钢渣热闷循环水中氯离子极限浓度值，保证钢渣处理后尾渣可以安全利用。

3.5.1.4　示范工程及推广应用工程信息

本技术应用于邯钢再生水回用示范工程，处理规模为 1200m³/d，将邯钢西区焦化厂酚氰废水经过深度处理达标后送入转炉钢渣处理系统回用。

本技术依托于中冶建筑研究总院有限公司，技术就绪度等级为 TRL-6。

3.5.2　烧结回用炼钢污泥废水技术

3.5.2.1　技术内容及基本原理

铁矿石烧结制粒需要配加 7% 左右的水以满足烧结料层良好的透气性，因此，合理利用钢铁联合企业内部各工序废水可以大幅度降低新水消耗量。炼钢污泥的含铁量较高，若作为烧结配矿的原料返回烧结使用，可以实现水及有价元素的综合利用。该项技术的核心关键是明确炼钢污泥废水的添加比例对烧结矿制粒、烧结技术经济指标、有害元素及冶金性能的影响机制。研究结果表明，炼钢污泥废水可以有效降低混匀矿湿容量，改善混匀矿制粒性能，同时污泥中带入的 Cl⁻ 阻碍了还原气体与烧结矿的接触，影响了烧结矿的还原，从而使烧结还原粉化指数有所改善。总体来说，当配加的污泥废水浓度为 15%~30% 左右时，生产的烧结矿质量达标，并且实现减少烧结新水配加、消化污泥的目的。

本技术为"水体污染控制与治理科技重大专项"资助形成的关键技术。

3.5.2.2　适用范围

本技术适用于不同种类、不同碱度的烧结矿配料体系。

3.5.2.3 技术创新点及主要技术经济指标

该工艺结合烧结配料结构优化配合污泥废水混合添加工序，实现了污染源头控制及循环废水的有效利用。主要创新点如下：

(1) 提出了"污泥—废水"烧结共利用的污泥及废水利用方式，不仅能够消纳炼钢污泥，而且能够实现除尘废水的利用。

(2) 首次研究了"污泥—废水"烧结共利用对于烧结制粒及烧结矿质量的影响。由于污泥废水比新水具有较低的表面张力（65.64mN/m），能够降低矿粉湿容量达10%~20%，从而降低制粒过程的水分消耗，改善烧结制粒性能。并进一步强化烧结过程氧化气氛，改善烧结矿物组成。当"污泥—废水"浓度为30%~40%时，烧结矿的质量及冶金性能最优。

(3) 首次解析了污泥废水中Cl^-对有害元素K^+，Na^+，Zn^{2+}脱除的催化作用，发现Cl^-在烧结过程中通过生成HCl和Cl_2，会催化脱除K^+，Na^+，Zn^{2+}，有害元素的含量能够满足高炉生产需求。

烧结工序添加炼钢污泥废水不仅有效利用了废水和转炉污泥，且实现了资源二次利用。实施效果表明，配加合理的污泥废水添加至烧结工序，能够改善烧结制粒，同时有助于提高烧结矿的成品率。技术的实施实现了新水的减量化，降低了新水产生的水费支出，同时减少了污泥废水的额外处理费用，主要经济效益包括：可节约新水约13%；增加烧结成品率2.1%，实现利用烧结用污泥2%以上。

3.5.2.4 示范工程及推广应用工程信息

本技术已在邯钢东区8号3200m³高炉及对应的烧结机进行了工程示范应用，炼钢污泥废水回用工艺流程如图3-25所示。

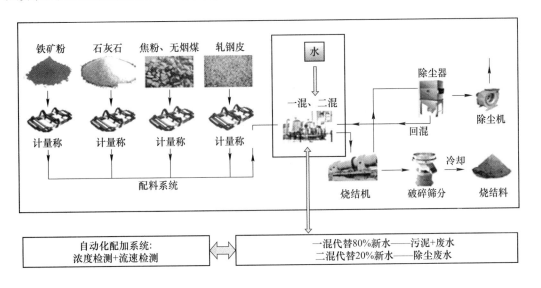

图3-25 炼钢污泥用于烧结工艺流程

本技术首先将炼钢污泥废水于净化池进行沉淀后，将污泥与炼钢废水配置为浓度为 15%~30%的悬浊液。将污泥混合液以管道运输的方式加入烧结的一混工序，配加水分为烧结用水量的80%，应当注意管线输送喷头需采用旋转分离喷头以实现污泥废水的均匀加入，同时需要在管线中加入流量计以精准控制输送量。烧结二混制粒所需的水以除尘废水形式加入，二混所加水分占总水量的20%，同时保障烧结总需水量为7.2%。研究结果表明，当配加污泥浓度为15%时，制粒后颗粒的均匀性指数从35%升高至37%，料柱透气性从9.66增加至11.22，烧结透气性得到改善。与此同时，烧结过程垂直烧结速度从18.72mm/min增加至19.25mm/min，烧结矿成品率增加了2%，烧结矿的还原性有所降低，烧结矿的还原粉化性能得到改善。当污泥浓度从0%增加到40%的时候，除了P元素的含量没有达到标准以外，其余元素都在标准范围之内。综合来看，炼钢污泥废水加入的适宜浓度为15%~30%，当污泥浓度为15%时，P元素含量达标。

由卡车从炼钢部将炼钢污泥运送至烧结厂，投入污泥坑，静置一段时间后，由机械爪将污泥抓起通过行车运送至机械破碎网，随后进行机械破碎，随后，下落至布料皮带，将污泥作为配矿原料添加至后续混料过程（见图3-26）。烧结矿质量数据表明，当炼钢污泥配加量为3.3%时烧结转鼓强度几乎不变，烧结矿的还原性有所降低，烧结矿的还原粉化性能得到改善，当污泥配加量在3.3%左右时，各种有害元素都在标准范围之内。综合来看，炼钢污泥的添加改善了烧结矿的制粒效果，对转鼓强度和烧结矿的还原性粉化没有造成负面影响，该方案的适用性得到了进一步证实。

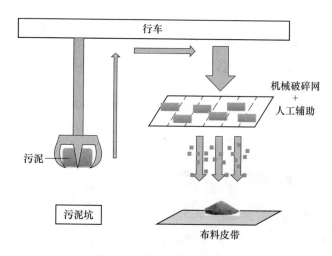

图3-26　污泥运送流程示意

本技术依托于北京科技大学，目前的技术就绪度等级为TRL-6。

3.5.3　机械蒸发再压缩技术

3.5.3.1　基本原理

机械蒸发再压缩技术是重新利用蒸发浓缩过程中产生的二次蒸汽的冷凝潜热，从而减少蒸发浓缩过程对外界能源需求的一项先进节能技术。早在 20 世纪 60 年代，欧洲就已经设计成可以商业化使用的蒸发设备，成功将该技术运用在海水淡化及水处理领域，但国内起步较晚，近些年才逐渐开始重视起来。机械蒸发再压缩技术的基本原理就是通过外部生蒸汽使得蒸发器产生二次蒸汽，再通过压缩机的压缩升温功能，提高二次蒸汽的压力和饱和度，提高了热焓的二次蒸汽被送进蒸发系统，用于补充或完全代替生蒸汽，运行成本主要为压缩机的电耗。

本技术为"水体污染控制与治理科技重大专项"资助形成的关键技术。

3.5.3.2 工艺流程

某钢厂生产用于核电站蒸汽发生器的特种不锈钢管材，在此过程中需要使用主要成分为氢氧化钠和碳酸钠溶液的碱性脱脂液来清洗外壁上的油脂以及其他杂质，清洗后会使用软水将管材上残留的脱脂液冲洗下来，再利用机械蒸发再压缩技术处理冲洗后的废水。该蒸发器在运行时没有使用生蒸汽来对蒸汽室进行加热，而是直接使用加热器对蒸汽室内的料液进行加热升温，而且可以按照实际情况安装相应的配件来实现浓缩液密度、体积和时间三种运行模式的选择，运行过程中，蒸发器不断地产生蒸汽和浓缩液，通过利用蒸汽和排出去的浓缩液的潜热来保证蒸汽室内料液保持一定的温度，而回收的浓缩液和蒸汽冷凝后的冷凝水经过后续的处理又可以变成脱脂液和软水继续使用，处理过程中全程使用 PLC 实现自动化控制，只需要少量的人员控制就可以保证蒸发器连续不断地运行下去。

除了在运行过程中损失少量蒸汽，浓缩液后续处理需去除少量油脂之外，经 MVR 蒸发器处理后的废水完全实现了回收再利用，基本上实现废水的零排放。而且回收使用的浓缩液和蒸馏水在经后续处理后，可以完全达到正常生产的水质要求。整套系统的运行由 PLC 软件来控制，具有成本低、占地面积小、人员操作简便和自动化程度高等特点，可以广泛运用到除钢铁行业以外的垃圾渗滤液、食品发酵、造纸等其他行业中，降低企业生产成本，保护环境。

3.5.4 高盐有机废水资源化处理技术

3.5.4.1 技术内容及基本原理

采用催化臭氧氧化和压力-电驱动膜组合技术处理高盐有机废水，去除废水中的有机物和无机盐实现出水回用，或者利用双极膜电渗析技术将氯化钠电解形成低浓度盐酸和氢氧化钠，回用于企业生产。开发的多组分复合碳催化剂可耐受高含盐废水，并且臭氧气体通过纳微气泡的形式进入催化臭氧氧化塔，提高了气液混合效率和臭氧利用效率，对有机物去除效果更高，同时也减少了后续膜处理时的膜表面污染情况。研制新型抗污堵的电渗析膜，结合超滤、纳滤、反渗透等膜工艺，可以实现产淡水回用，或联产酸碱回用。

3.5.4.2 适用范围

本技术适用于钢铁、煤化工和焦化等行业高盐废水资源化处理与近零排放。

3.5.4.3　技术创新点及主要技术经济指标

采用催化臭氧氧化技术降解有机物，可作为膜处理工艺的预处理单元降低膜污染，也可处理膜浓缩产生的浓水，降低后续处理的压力。通过复合催化剂开发和纳微臭氧气泡组合，可有效去除废水中有机物。采用表面修饰的电渗析膜可提高表面抗污堵能力，提高稳定运行周期，降低处理成本。采用催化臭氧氧化技术与电渗析脱盐、酸碱再生技术组合，以难处理的焦化尾水作为原水，可实现高比例淡水回用和联产酸碱，专家论证认为其处于国际领先水平。解决了钢铁、煤化工、焦化等行业废水处理不能稳定达标排放、回用率低和产生大量固体杂盐等问题。本技术具有催化剂稳定性高、有机物去除效率高、膜抗污染能力强和浓盐水再生酸碱效率高等特点。

3.5.4.4　示范工程及推广应用工程信息

本技术在鞍钢集团完成处理规模 50m³/d 的现场中试（见图 3-27），验证了技术可靠性与经济性。目前应用于神华国能集团河曲发电厂的脱硫废水处理示范工程，高盐水的处理规模为 30m³/h，正在调试运行，主要针对高盐水中有机物深度降解。另外，本技术还应用于邯钢高盐水处理示范工程（见图 3-28），处理规模为 1200m³/d，在催化臭氧氧化，多膜组合脱盐的基础上，联产浓度为 8% 的稀酸、稀碱液回用于钢铁园区。项目目前已完成调试运行。

本技术就绪度等级为 TRL-7。

图 3-27　鞍钢化工三期浓盐水中试现场

图 3-28　邯钢高盐水处理示范工程

3.6　钢铁园区水网络优化技术

3.6.1　钢铁园区水网络全局优化技术

3.6.1.1　技术内容及基本原理

本技术基于清洁生产与末端治理相结合的全过程水污染控制理念，利用过程系统工程方法和工具，研究流程结构与工艺参数的联合优化方法，为钢铁园区的可持续用水提供数据和理论支撑，其关键在于适用于钢铁工业园区水网络特点的多尺度建模方法及水网络全局优化模型和核心程序。

本技术为"水体污染控制与治理科技重大专项"资助形成的关键技术。

3.6.1.2　适用范围

本技术适用于钢铁工业园区水网络的优化建模和分析，通过模型拓展，也可用于其他类型工业园区的水网络优化。

3.6.1.3　技术创新点及主要技术经济指标

目前，在钢铁工业领域还没有形成系统的水网络优化方法和框架。本技术根据钢铁生产用排水网络多尺度的特点和全过程污染控制理论，系统地建立了钢铁园区水网络全局优化的方法、框架和程序模块。相较于普通的物质流分析模型，水网络多尺度优化模型可以全面描述各尺度之间的相互作用和约束条件，更具有全局性；基于全过程污染控制理论，将污染控制单元作为生产流程的一部分，实现了生产与控污的紧密耦合，有利于挖掘节水减排的最大潜力；以综合用水成本为优化目标，保证了优化方案的经济可行性和可实施性。本技术可为钢铁工业园区综合用水成本最低的节水减排方案制定提供直接数据和理论支撑。

3.6.1.4　示范工程及推广应用工程信息

本技术应用于鞍钢集团本部工业园水网络优化。根据鞍钢园区生产过程用水、排水及水处理等典型涉水单元、工序及园区水网络结构和操作特点，以及鞍钢提供的园区水网络结构和操作参数，开展园区水网络的优化。利用开发的优化程序，研究了不同条件下园区水网络优化方案。优化计算结果表明在多种案例条件下，园区水网络优化后，综合用水成本和新水用量可降低 10% 以上，回用水使用量则增加 20% 以上，废水排放量有不同程度降低。其中，示范工程项目建成运行，实现全过程水污染控制的情况下，园区水网络优化后节水减排效果最显著，有可能实现综合用水成本降低 20%，废水排放降低 30% 以上。

本技术还应用于邯钢集团工业园水网络优化。在钢铁园区水网络多尺度全局优化模型和软件平台升级完善的基础上，支撑邯钢示范工程的实施及其在园区水网络中的集成，以及整个园区水网络优化。以邯钢园区为研究对象，在园区废水处理单元技术、过程节水技术、分质分级循环利用关键技术研发和流程重构的基础上，开展在不同情境条件下园区全过程水污染控制方案的研究，提出综合用水成本最低的园区水网络结构和用水操作参数的协同优化策略和方案。研究结果为邯钢示范工程以及园区整体的节水减排策略，特别是废水零排放方案，提供数据和工具的支撑。

除了鞍钢集团和邯钢集团园区水网络优化之外，本技术还用于指导山西安泰集团股份有限公司园区多尺度水网络优化。

本技术依托于中国科学院过程工程研究所，技术就绪度等级为 TRL-6。

3.6.2　基于物联网水处理采集数据多节点中心聚合调度技术

3.6.2.1　技术内容及基本原理

针对大型钢铁联合企业水处理全流程业务实时信息化管理中数据庞大复杂的特点，通过多层次、多维度算法执行数据清洗与过滤，将有效数据通过分布式的方式存储于持久化载体。利用主流采集架构，采用多冗余方式，在保证数据正确与完整的基础上，依照平台云服务设置的配置参数，最大限度对数据进行本地集群备份，并实现本地集群服务器的多块存储数据一致、多节点相互独立、多节点互为替补的高可用网络结构，极大加强数据安全与服务容灾特性。通过全文索引与序列拉取技术完成在大数据分块存储的基础上高效、稳定的数据提取，为业务服务的数据支撑提供保证。

本技术为"水体污染控制与治理科技重大专项"资助形成的关键技术。

3.6.2.2　适用范围

本技术适用于我国当前钢铁园区复杂水系统智慧管控的数据采集平台模块，可适应钢铁行业水系统智慧管理数据样本庞大，多节点分布的特点，数据采集具有实时性、一致性以及数据精度切面高度灵活的特点。

3.6.2.3　技术创新点及主要技术经济指标

本技术创新点及主要技术经济指标包括：

（1）数据清洗抽象化、规律化、可配置化，允许分场景、分业务多层次规则设置。

（2）云上配置，本地集群分布式存储，持久化冗余保障数据完整性与安全性。

（3）去中心化保障集群高效可用，任何节点都可在中央节点失效情况下，被选举成中央节点，中央节点建立高稳定性数据调度机制、消息传递机制，在较低的性能占用下实现高效的数据存取。

3.6.2.4 示范工程及推广应用工程信息

本技术为钢铁企业全过程节水减排智慧管控平台的关键支撑技术之一。钢铁企业全过程节水减排智慧管控平台在邯钢西区进行建设示范（见图3-29），涵盖邯钢西区各取水、用水、排水和污水处理工艺监控、全厂水平衡管理、数据与报表分析等。

本技术依托于中冶建筑研究总院有限公司，技术就绪度等级为TRL-6。

图 3-29　钢铁联合企业全过程节水减排专家管理系统智慧平台

3.6.3 全流程多因子水平衡优化技术

3.6.3.1 技术内容及基本原理

全流程多因子水平衡优化技术是涵盖钢铁企业水源选择，原水处理，水资源调配，用水处理，污水处理及回用的全生命用水周期，利用多因子算法对水量、水质进行统一平衡优化的技术。可以智能衡量在多水源、多水质影响因素和不同经济约束条件下，钢铁企业全厂各水源取水量，用水单元的合理串级设计，中水回用去向设计以及进行不同水处理单元的多级串、并联处理能力计算。通过选择特定的经济约束条件，可以得到更符合企业实际需求的水平衡优化结果，对于现有全厂水系统，可以通过指定管网连接，进行有限的水系统优化改造设计。

本技术为"水体污染控制与治理科技重大专项"资助形成的关键技术。

3.6.3.2　适用范围

本技术适用于钢铁企业现有水系统优化改造或新建钢铁企业全厂水网络优化设计的参考。

3.6.3.3　技术创新点及主要技术经济指标

本技术拥有自主知识产权的独创算法，主要创新点在于：

（1）算法从浓度势的概念进行扩展，涵盖了用水单元、原水处理单元、污水处理/回用单元，即涵盖了钢铁企业用水全生命周期，解决了同类技术中割裂了水的回用、处理与使用的问题。

（2）同时兼顾水量与多种水质同时平衡的迭代运算，求得满足使用需求的所有可能水质下目标函数，如最小补水量/最小排水量及其对应的最佳水质水量平衡网络，解决了同类技术中难以同时统一进行水量与多种水质平衡的问题。

（3）具有划分区域，优先区域内连接、设置最小连接的经济约束条件设置，使算法具有实际的设计或改造的指导意义。与其他算法相比，本算法求得的结果与设置完善的数学规划法相当，优于其他算法，计算规模和耗时大大减少，且具有指导实际设计或改造的能力。

3.6.3.4　示范工程及推广应用工程信息

本技术为钢铁企业全过程节水减排智慧管控平台的关键支撑技术之一。钢铁企业全过程节水减排智慧管控平台在邯钢西区进行建设示范（见图 3-30 和图 3-31），涵盖邯钢西区各取水、用水、排水和污水处理工艺监控、全厂水平衡管理、数据与报表分析等。

本技术依托于中冶建筑研究总院有限公司，技术就绪度等级为 TRL-6。

3.6.4　钢铁企业水处理全流程控制专家管理系统技术

3.6.4.1　基本原理

钢铁企业水处理全流程控制专家管理系统将钢铁企业整体用水量占比 95% 以上的各循环水系统的运行管理，与钢铁企业给排水全流程的水质水量平衡优化设计相结合，以达到节水减排的目标，主要采用水系统集成优化技术和专家管理系统。水系统集成优化技术主要考虑水质/水量平衡优化，从系统工程的角度出发，将整个水系统作为一个有机的整体综合考虑，对水系统中的各种水源水的选择和处理、水的工艺使用、污水的再生回用及循环等所有环节进行综合考察，采用过程系统集成的原理和技术对水系统进行优化调度，按品质需求逐级用水和处理水，提高用水系统的重复利用率，将水系统的新鲜水消耗量和废水排放量同时减少。专家管理系统是一个涵盖大量专门知识与经验的技术平台系统，根据水处理专家提供的知识和经验，应用信息化技术进行推理和判断，模拟人类专家的决策过程，解决钢铁企业循环水处理问题。通过上述技术结合，实现由点及面的水系统优化运行管理。

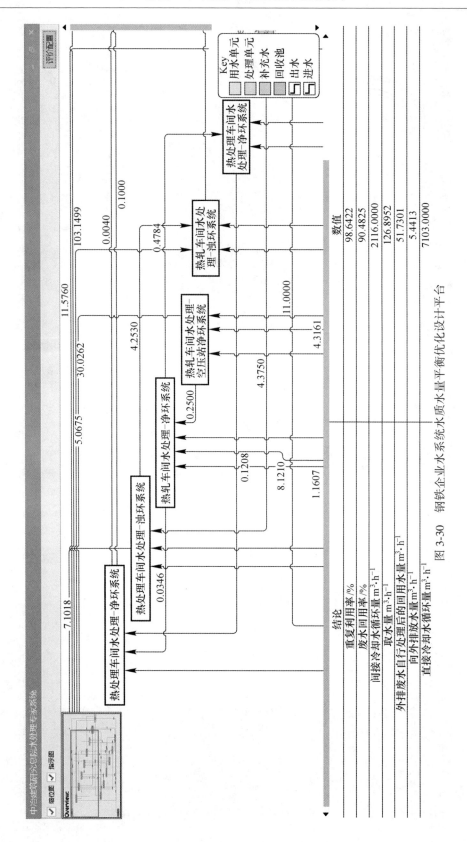

图 3-30　钢铁企业水系统水质水量平衡优化设计平台

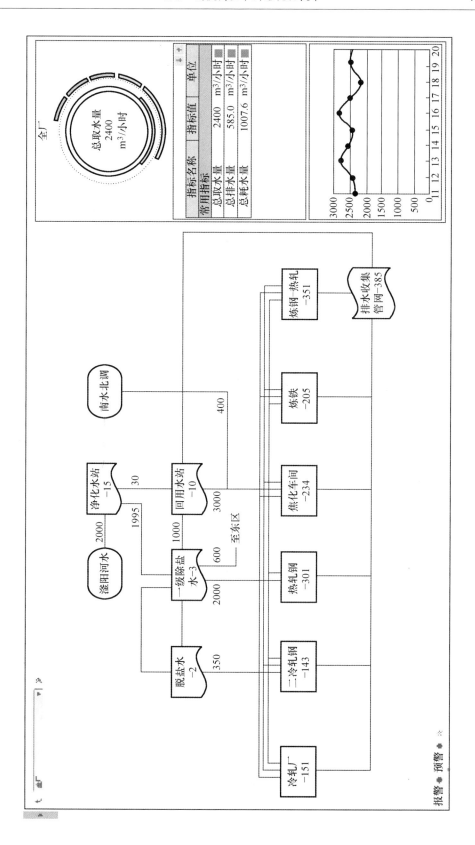

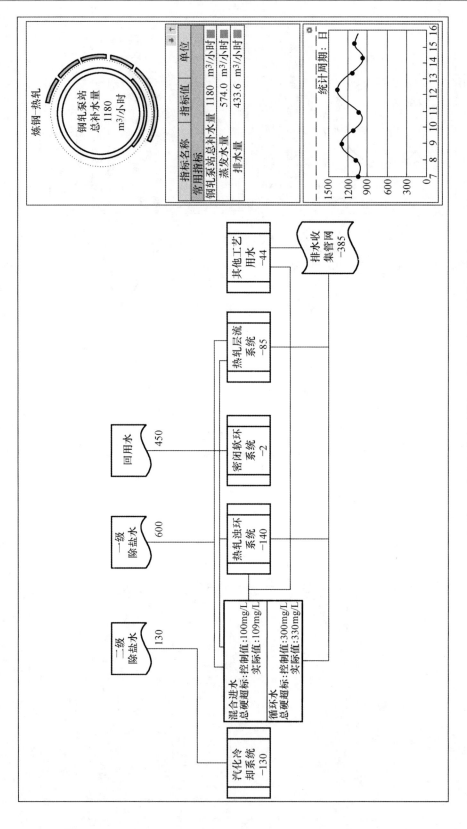

图 3-31　钢铁企业全流程节水减排智慧管控平台水平衡管理模块

本技术为"水体污染控制与治理科技重大专项"资助形成的关键技术。

3.6.4.2 工艺流程

钢铁企业水处理全流程专家管理系统是针对钢铁企业用排水特点开发的水处理管理系统，包含了循环水精细化管理平台、全厂水质水量平衡优化算法及设计平台。专家管理系统的水处理管理模块结合工业水系统自动控制反馈调节技术、水处理水质变化趋势预判技术、水质运行状态判定算法、全流程多因子水平衡优化技术，将当前的水处理工作状态及其变化趋势可视化，对水系统运行不良趋势进行预警和报警，对当前问题和全厂水系统优化状况进行诊断并提出解决预案（见图 3-32）。通过运行管理及优化调控，可以提高循环冷却水系统运行的浓缩倍数，优化水资源梯级利用，减少全厂污水处理量，提高中水回用安全性，从而提高钢铁企业水重复利用率，降低水处理能耗，实现节能减排的目的。

本技术的主要功能有：水处理运行的数据统计、数据分析、早期预警、即时报警、库存管理、工作流管理、安全保障、统计报告、远程技术指导，以及全厂水平衡优化计算、指导优化方案、节水减排效果评价等。

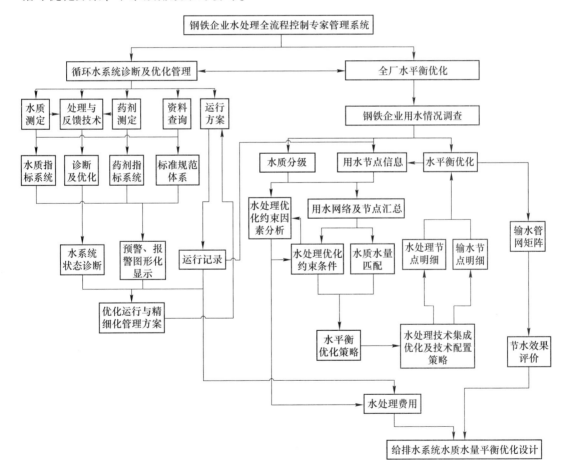

图 3-32 钢铁企业水处理全流程控制专家管理系统流程

4 钢铁行业水污染全过程控制典型成套技术及应用

我国水资源紧缺、水质污染严重，资源和环境压力是社会经济可持续发展的重要障碍。钢铁工业是我国国民经济发展的支柱产业之一，同时也是用水大户和高污染行业，从原料准备到钢铁冶炼以至成品轧制的生产过程中，几乎所有工序都需用水并有废水排放。加强对钢铁行业的水污染控制，节省行业对水资源的消耗势在必行，这是钢铁行业实现可持续发展的必由之路。

国家"十一五"规划曾经提出要求所有工业废水零排放，"十二五"已将钢铁企业的工序优化和二次能源利用拟定为重点工作，国家"十三五"规划提出要加大环境治理力度，全面节约和高效利用资源，加大环境治理力度，实施工业污染源全面达标排放计划。因此需在以往注重水污染治理单项技术研究及应用的基础上，在污染治理思路、水处理方法和设备、水分质分级回用等方面进行开拓创新，形成行业全流程水资源高效利用和废水综合处理，提高水重复利用率、水处理新技术新工艺经济性和适用性，减小对社会和环境的压力。

4.1 统筹产品质量和水资源的钢铁冶炼过程节水成套技术

4.1.1 技术简介

随着我国钢铁行业新设备、新技术的投入使用，在节水方面取得了较大的成果。尤其是"十一五""十二五"期间，钢铁行业在废水处理及冷却水资源化利用方面取得了多项技术成果，但在铁、钢、轧等主辅工艺过程节水管控方面，与国外先进钢铁企业相比还存在差距。钢铁企业各生产工序对水质的要求及水量的最适宜需求尚缺少理论依据，工艺用水及通用设备用水也多依赖经验。针对目前存在的关键问题，本技术通过系统研究烧结、炼铁、炼钢、轧钢等典型工序高耗水设备用水的水质、水量对主生产工艺的影响，提出优化节水制度和工艺用水水质指标，形成源头清洁生产技术及工艺优化达到钢铁工业用水及污染管控需求的成套技术，整体技术经济指标达到了国际先进水平，技术路线图如图4-1所示。

各典型工序节水技术原理如下。

4.1.1.1 替代新水的污水配矿清洁烧结技术

本技术主要包括烧结配矿和烧结用水两部分，配矿时加入炼钢污泥达到消化污泥的目的，配水时利用污泥废水悬浊液混合添加代替新水，达到节水的目的。烧结工序需要消耗大量水资源，在烧结工序用废水代替新水，并同时消纳污泥。然而污泥偏碱性，探究废水污泥浓度对烧结矿制粒、烧结矿质量和有害元素的影响，在满足烧结矿质量的前提下，提

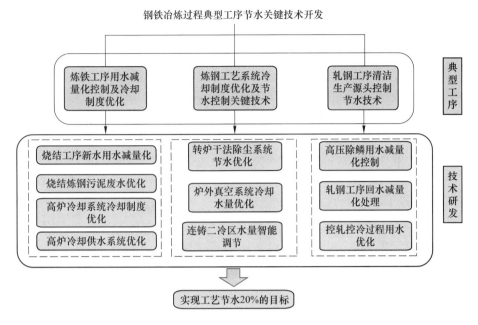

图 4-1 钢铁冶炼过程典型工序节水关键技术路线

出合理的废水污泥浓度。烧结工序主要分为配料，混料，烧结，筛分等多个过程，铁矿石烧结制粒需要配加 7% 左右的新水以满足烧结料层良好的透气性，合理利用钢铁联合企业内部的炼钢污泥废水替代新水可以大幅度降低新水消耗量。但污泥带入的 $CaCl_2$ 在溶液中解离的 HCl 与 Fe_2O_3 反应生成铁的氯化物，会阻碍还原气体与赤铁矿接触，降低烧结矿的还原性。污泥 CaO 含量高，黏性大，污泥废水有较低的表面张力（65.64mN/m），能够降低矿粉的湿容量达 10%~20%，有利于制粒。具体工艺过程如下，首先炼钢污泥废水进入净化池沉淀后，将污泥与炼钢废水配置为浓度为 15%~30% 的悬浊液。将污泥混合液用管道运输的方式加入烧结的一混工序，配加水量为烧结用水量的 80%。管线输送喷头采用旋转分离喷头以实现均匀加入，并在管线中加入流量计以精准控制输送量。烧结二混制粒所需的水以除尘废水形式加入，二混所加水量占总水量的 20%。

兼顾烧结矿制粒效果及还原性能，基于烧结矿质量要求，高炉入炉元素含量要求以及环境污染控制要求，提出普适性的烧结用水水质指标，通过控制污泥浓度在 15% 左右时，达到节水 20% 以上目标。

4.1.1.2 高炉全生命周期冷却水量优化新技术

针对高炉工序冷却系统复杂，循环水用水量大，不同炉役时期水量需求差异大、用水量多且依赖经验，最适宜水量需求尚缺少理论依据的现状，结合高炉炉体不同部位工作状况及冷却器工作机制，基于等效热阻法的传热学计算创新，提出了以冷却壁热面温度表征高炉冷却系统冷却能力的新方法。通过建立三维水冷模型，构建高炉炉体全生命周期对冷却水量的最低需求，优化高炉炉体不同部位、不同炉役时期冷却水量配置，降低冷却水用量，从高炉炉体全生命周期水量匹配及炉体结构优化设计的角度量化分析了高炉冷却系统的节水潜能，构建了高炉分期分级供水制度，节约循环冷却水量 22%。

在冷却系统供水结构优化方面，针对高炉冷却水在周向方向分配存在不均匀性的问题，构建了不同高炉冷却系统模型，基于水动力学并联水管间脉动机制解析冷却水周向分配不均匀机理，定义水量分配不均匀度的概念，评价不同模型下冷却水分配均匀性，构建了新型的冷却水管结构布置优化系统模型，实现高炉冷却水量均匀分布，达到高炉节水效果。针对目前在用的冷却系统结构，可通过安装冷却水流量计、水量调节阀、测温计，建立水量水温及热负荷监测系统，实现高炉循环冷却水在周向水管间均匀分配，实现水流量平均降低20%以上的目标（见图4-2）。

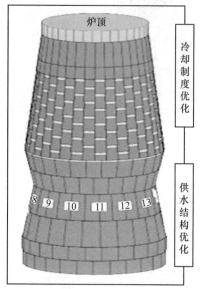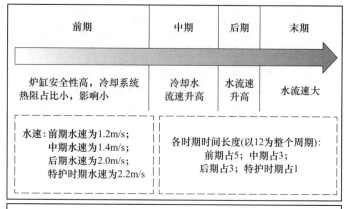

图 4-2　高炉工序节水工艺流程

4.1.1.3　炼钢工序节水新技术

目前转炉炼钢工序的耗水控制主要通过改进优化设备和水资源循环利用，如改进除尘设备和技术，废水净化和串级利用等，一般集中于装备升级和末端废水处理，而通过转炉操作工艺优化控制耗水量的源头节水研究还少见报道与应用。除尘系统中除尘冷却的主要原理是：除尘系统中蒸发冷却器通过雾化喷嘴将冷却水破碎雾化成为微小液滴喷射进蒸发冷却器，蒸发冷却器采用特殊的双流喷嘴，在蒸发冷却器的喉部圆周布置，该双流喷嘴两个通道分别通入水和水蒸气，水从喷嘴的中心孔喷出，水蒸气直接冲撞液束，在气体动能作用下，液滴破碎成粒径较小的液滴，达到雾化的效果。利用雾化后微小液滴的汽化相变成为蒸汽，吸收烟气中的热量。高温烟气从汽化烟道进入蒸发冷却器时温度约为800～1000℃，在冷却器出口处被冷却至200℃以下。因此转炉烟气量及温度直接影响冷却水消耗量，通过操作工艺优化可以控制烟气温度和烟气量，进而控制冷却水消耗量。基于此思路，研究提出了转炉渣料粒度及存放控制方案，通过减少渣料粉化减少烟尘产生量从而节约除尘冷却水；研究开发了转炉适宜渣料控制技术，通过加入适宜渣料避免渣料的过量加入来降低烟尘量，从而降低除尘用水；研究开发了转炉终点控制技术，基于目标钢种终点碳含量要求控制脱碳量来降低转炉烟气量从而降低烟气冷却用冷却水消耗；采取转炉烟罩自动升降调节措施降低空气吸入系数来降低烟气燃烧导致的烟气温度增加，进而降低冷却水消耗。考虑烟气流量、烟尘浓度、CO浓度、空气吸入系数、蒸发冷却器进出口温度等因素的影响，建立了蒸发冷喷水量调节预报模型。最终形成了基于转炉工艺操作的转炉冶炼过程耗水控制技术措施，并在转炉冶炼过程实现技术应用。其工艺流程为：渣料、吹炼和空气吸入控制→烟气/尘控制→冷却水量控制（见图4-3），适用于转炉冶炼过程蒸发冷耗水的控制。

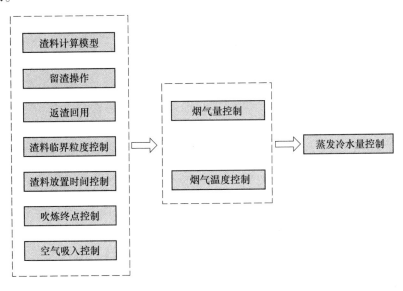

图4-3　炼钢工序节水工艺流程

4.1.1.4　轧钢综合节水技术

钢铁企业生产用水复杂，水资源利用方式直接影响企业的节水和水污染控制效果与成本，钢铁企业各道次生产工序对水质的要求及水量的最适宜需求等多依赖经验，水质及水量对钢铁产品的质量影响规律也缺乏科学依据和理论支撑。对于轧钢过程，加热工序往往温度偏高，一般在1180℃以上，使得钢坯表面氧化铁皮增厚，导致高压除鳞水消耗较大；热轧过程中机架间冷却处于持续冷却状态，缺乏喷水频率与变形量和变形温度耦合作用的精确节水控制技术。合金元素Si、Ni、Cr的增加，在温度高于1000℃时会增加氧化皮与基体的附着性，降低钢的除鳞性能。钢中的合金元素特别是Si和Ni的含量，对内层氧化皮的结构及氧化皮/基体界面凹凸度起主要作用。

合金元素对铁离子扩散的抑制作用顺序为：Cu<Cr<Ni<Si。另外，合金元素在界面处的富集还会造成氧化铁皮与基体的结合力增强。试样的鼓泡现象非常明显，而在微合金钢中鼓泡现象得到了不同程度的抑制。对于鼓泡现象有两种解释理论：一种认为鼓泡是由氧化铁皮生长时产生的应力所导致；另一种认为是由氧化铁皮/基体界面处释放的气体所导致。尽管两种理论认为鼓泡现象的产生机制不同，但都认为提高结合界面的强度将能有效地抑制鼓泡现象。从产生鼓泡容易程度的角度来看：在高温下，Si能非常显著的提高氧化铁皮/基体界面的结合强度，Cr和Ni次之，Cu对结合强度的提高最不明显。然而合金元素增强界面结合强度会恶化氧化铁皮的除鳞效果。现通过低温加热技术、轧制工艺参数

的优化耦合实现道次间用水减量化，减少了钢铁行业加热及轧制工序用水量。当加热温度高于1180℃时，氧化层界面处Fe-Si、Fe-Cr尖晶石结构化合物熔化，填补了氧化层孔隙，增大了氧化层与基体结合力；当加热炉加热温度降至1150℃左右，氧化层与基体之间的结合力最小，通过减少除鳞道次降低了轧制除鳞用水量。氧化层与基体结合力随着加热温度的升高而减小，氧化层与基体结合性能如图4-4所示。

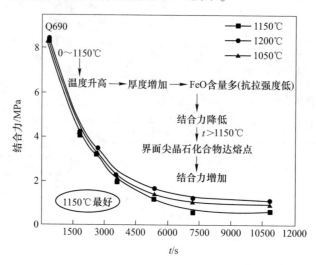

图 4-4　氧化层与基体结合力随加热温度及保温时间变化

4.1.1.5　低温加热技术

开轧温度影响钢板性能及氧化铁皮结构类型，随着开轧温度升高，氧化铁皮中疏松多孔型结构类型含量增加，由于其弹性模量及抗拉强度低，降低了轧制过程中随基体协调变形的能力，增加了机架间用水消耗，通过降低开轧温度及快速轧制，改善了氧化层结构类型，轧制过程氧化层易于随钢板协调变形，不破裂，减少了轧制过程机架间用水消耗。低温加热技术有效降低了轧制温度，通过纳米压痕技术表征了低温加热可以有效降低氧化层与钢基体之间的结合力，同时低温加热技术有效降低了轧制温度，实现了除鳞及机架间过程用水平均减量20%以上。加热优化实现除鳞水减量化，轧制参数优化实现道次间用水减量化，从而实现冷却用水减量化。

综上实现了除鳞及机架间过程用水平均减量20%以上。通过降低典型钢种的加热温度，进而降低了其开冷温度、缩减了冷却温降区间，在保证钢板性能基础上节约了冷却用水，同时结合降低冷却水温，调整生产计划（需要控冷的钢板夜间生产，较白天水温低5℃以上）将大幅提高冷却效率，达到节水效果。智能控制方面通过头尾遮蔽及变频控制等智能化技术节约了层流冷却用水，实现了控冷水平均减量20%以上，全流程工艺路径如图4-5所示。

4.1.2　技术评价及适用范围

形成一套烧结工序消纳废水新技术，消纳浓度为40%以上的炼钢污泥，直接节约烧结用新水20%以上；适用于不同种类，不同碱度的烧结矿配料体系，普遍适用于国内外

图 4-5 轧钢工序冷却水量减量化工艺流程

烧结厂。技术就绪度为 TRL-5，提出了一套普适性较强的烧结用水标准，在同类技术中，创新性较强，实施效果较为突出，综合水平领先国内其他同类技术。

形成一套高炉全生命周期冷却用水量优化新方法，节约高炉冷却水量 20% 以上；适用于高炉生产过程中冷却系统优化，技术就绪度为 TRL-5，在邯钢高炉实测水量分配情况，并根据高炉实际冷却系统情况提出详细改造方案。

通过渣料粒度及存放时间控制、适宜渣料加入控制、转炉终点控制、空气吸入控制等技术措施的研究开发，形成了一套炼钢工序节水新方法。吨钢石灰消耗降低高达 15kg/t，烟尘量降低 5% ~ 10%，空气吸入系数降低至 0.1 左右，冷却水量消耗降低 10% 以上。本技术适用于钢铁企业转炉炼钢过程耗水控制，技术就绪度为 TRL-6。

形成一套包括高压除鳞用水减量化、轧制过程喷水耦合控制、精品钢材智能化用水的轧钢综合节水成套技术，节水 20% 以上。技术就绪度为 TRL-6，主要通过低温加热降低了轧制温度、降低了开冷温度、缩减了冷却温降区间，同时结合降低冷却水温，头尾遮蔽及变频控制等智能化技术，综合实现了轧钢过程节水。

4.1.3 主要技术创新点

该技术主要技术创新点包括：

（1）首次提出并研究了"污泥—废水"烧结共利用的污泥及废水利用方式，明晰了"污泥—废水"烧结共利用对于烧结制粒及烧结矿质量的影响，解析了污泥废水中氯对有害元素 K、Na、Zn 脱除的催化作用。本技术实现了污泥最大利用度达 40%，降低新水用量 20% 以上。

（2）针对高炉冷却系统复杂，循环用水量大且不同炉役时期水量需求差异大的现状，构建了高炉炉体全生命周期对冷却水量的差异性需求，通过建立三维水冷模型，优化高炉炉体不同部位、不同炉役时期冷却水量配置，实现精细化供水。结合现场实测水速结果，首次提出水量分配不均匀度的定义，评价不同模型下冷却水分配均匀性，建立了高炉冷却水量、水温及热负荷监测系统，实现高炉冷却水量均匀分布，达到降低高炉循环冷却水量 20% 以上。

（3）针对转炉冶炼过程冷却水用量大且影响因素复杂的问题，从渣料控制角度出发开发了转炉冶炼终点预测模型，在满足钢种终点要求的前提下优化渣料加入，减少烟尘产生；建立了融合多因素的转炉冶炼过程耗水调节模型，通过操作工艺优化对冶炼过程冷却水进行实时调节。通过技术的应用可降低水量消耗 10% 左右，为从工艺操作角度降低转炉冶炼过程水量消耗提供了良好的技术支撑。

（4）通过降低加热段氧化层与钢基体结合力、轧制过程低温快轧改变氧化层结构类型、冷却过程缩减冷却温降区间及提高冷却效率等技术手段，实现了轧钢工序全流程用水减量化的目标。率先利用纳米压痕技术定量化表征了氧化铁皮和基体的结合力。通过调整加热温度来改变氧化层结构及类型的机理性研究，明确了降低加热温度可以有效降低氧化皮与钢基体之间结合力，开发了低温加热技术。该技术还有效降低了轧制温度，相应的降低了开冷温度、缩减了冷却温降区间，同时结合降低冷却水温，头尾遮蔽及变频控制等智能化技术，在邯钢中板厂及2250热连轧产线上实现了轧钢过程节水20%以上的目标。

4.1.4　典型案例

本技术在邯钢中板厂及热连轧厂进行了工程示范（见图4-6和图4-7），处理规模为1000t钢板。示范工程已经稳定运行1年，运行良好。在保证钢板性能的基础上，通过采用低温加热及轧制用水优化实现除鳞及轧制机架间用水减量化，通过优化开冷温度制度、水温制度、智能化高精度数学模型+智能化控制方式实现了层流冷却用水减量化目的，目前轧钢过程层流冷却用水减量化技术已经推广到邯钢其他车间。

图 4-6　加热炉节水工程示范　　　　　图 4-7　层流冷却段节水工程示范

本技术中高炉全生命周期冷却水量优化新技术在首钢京唐5500m³高炉上推广应用，实现了高炉冷却水温及热负荷的实时在线监测，对高炉炉体长寿起到了很好的监测作用。

本技术中炼钢工序节水新技术在八一钢铁和永锋钢铁的120t转炉、联鑫钢铁的70t电炉上推广应用，在保证HRB400出钢要求的条件下，降低吨钢渣料消耗16%以上，终点碳含量提高了40%。不但有效降低了生产成本，而且减少了渣料过多产生的烟尘及脱碳过深产生的烟气。

4.2　全过程优化的焦化废水强化处理成套技术

4.2.1　技术简介

焦化废水含有高浓度氨、酚，以及苯系物、杂环类、多环类等污染物，国内外普遍采用"萃取脱酚（高温焦化废水可不用)-蒸氨-生物降解"工艺处理。但由于部分有机物难被微生物降解甚至抑制其活性，导致该工艺稳定性低、处理效果差，难以满足新的环保要求，已严重制约煤化工、钢铁等行业可持续发展，亟待开发先进适用的焦化废水处理技术。在水专项的资助下，开发出预处理-强化生物处理-深度处理组合工艺，实现了焦化废水处理出水稳定且满足最新国家标准。通过酚油协同萃取、高效精馏蒸氨、陶瓷膜过滤除油等预处理工艺资源化回收酚、氨粗产品，同时降低废水毒性，通过硝化-反硝化生化处理去除大部分氨氮和硝态氮，再通过氧化重构耦合絮凝技术与药剂深度去除总氰化物和酚，最后采用催化臭氧氧化深度去除残存有机物，实现出水 COD、氨氮、总氰和有毒有机物等稳定达标（见图 4-8）。

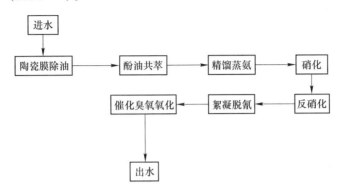

图 4-8 焦化废水深度处理优化集成技术工艺流程

4.2.1.1 酚油协同萃取技术

目前国内外针对焦化或煤加压气化废水处理，大部分以二异丙醚（DIPE）或甲基异丁基酮（MIBK）为萃取剂回收废水中高浓度酚，但该技术对共存的多元酚、多环、杂环类有毒/难生物降解有机物等去除率低，废水排入生化系统后，严重抑制微生物活性，引发生化系统崩溃。本技术通过多溶剂混合萃取体系热力学基础研究，通过人工智能和实验结合的方法，设计开发了一种高效酚油协同解毒萃取体系，采用优选的高效萃取体系萃取强化脱除酚油，获得较大的分配比，且萃取剂在水中溶解度低，损耗小，无需二次精馏处理，可降低萃取剂损耗和二次回收的运行成本，并且降低废水中油滴和有毒污染物的浓度，提高后续生化处理效率。针对某企业煤气化含酚废水处理酚油的单级脱除率可达到95%以上，仅采用两级逆流萃取即可将酚和油脱除，且萃取剂损失小。与传统脱酚萃取剂相比，新复合萃取剂可实现废水中单元酚、多元酚、杂环化合物和多环化合物的协同萃取，分配系数较传统萃取分别提高 15%~20%、100%~120%、50%~60%、130%~150%。萃取剂在实际废水中的溶解度不足传统萃取剂的 1/30。进一步针对焦化废水中所含酚和油等污染物，分别采用萃取脱除焦粉、焦油及酚油协同萃取工艺完成废水中焦粉、焦油、酚的高效脱除和萃取剂回收。分别通过计算和实验结合的方法，优选出萃取焦粉和焦油用复合萃取剂和酚油协同脱除用萃取剂，开展了萃取剂优化模型设计及萃取剂回收流程设计研究，并开发出实验室规模的酚油协同脱除扩试设备；根据实验室研究结果，进一步优化设备设计及设备选型，完成了 1m³/h 含酚废水酚油协同脱除实验，萃酚塔出口取样结果表明，废水中的总酚含量低于 200mg/L、COD$_{Cr}$ 含量低于 2500mg/L、油含量低于 50mg/L，BOD/COD 比值为 0.25~0.3，显著改善了废水的可生化性。

4.2.1.2 氧化重构耦合絮凝深度脱氰技术

焦化废水经生化处理后出水仍存在低浓度的氰化物（0.5~5mg/L）和多元酚等小分

子极性污染物。国内工业废水普遍采用絮凝工艺进行废水深度处理，对疏水性、大分子污染物去除效果较好，但难以去除低浓度氰化物，不能满足行业和地方新排放标准（《炼焦化学工业污染物排放标准》（GB 16171—2012）、《辽宁省污水综合排放标准》（DB 21/1627—2008）中限定废水中氰化物排放浓度不高于 0.2mg/L），已成为焦化废水深度处理领域的技术难题，严重制约钢铁、焦化等行业可持续发展。针对焦化废水中低浓度氰、酚等污染物，研发氧化重构耦合絮凝深度处理新工艺技术，并研制焦化行业深度脱氰复合功能商用药剂。在过渡金属为活性中心的弱氧化剂作用下，实现 90%以上氰/酚/硫等毒性官能团高效氧化重构转化为容易沉淀的聚合偶联产物，污染物相对分子质量提高 4~21倍、亲水/疏水官能团比例降低 17%~43%；以污染物氧化重构过程化学结构变化——亲疏水/相对分子质量特征的关键指标为突破口，进一步设计研发出系列单位电荷密度/相对分子质量的有机高分子环保药剂，高效絮凝分离不同亲疏水/相对分子质量特征的聚合产物，COD 和色度去除率与常规絮凝工艺相比分别提高 20%~30%和 40%~45%，总氰化物和酚类污染物去除率大于 90%，出水稳定满足国家《炼焦化学工业污染物排放标准》（GB 16171—2012）、《钢铁工业水污染物排放标准》（GB 13456—2012）和辽宁省《污水综合排放标准》（DB 21/1627—2008）等地方排放标准要求。

4.2.1.3　非均相催化臭氧氧化技术

焦化废水经生化处理和絮凝处理之后，仍含有一定浓度的难降解有机污染物，无法满足达标排放的要求，需要开发高效的有机物深度降解技术。均相芬顿氧化法氧化能力较强，但需要消耗大量酸碱调节废水的 pH 值，增加了废水的盐度，并产生大量铁泥造成二次污染。而臭氧氧化能力较强，加入催化剂之后可进一步提高氧化效率。催化臭氧氧化深度降解有机物的过程包括两种反应路径：一是臭氧分子直接氧化有机物，但这种反应具有选择性，主要进攻含有不饱和 C＝C 双键的有机污染物；二是臭氧分子在催化剂表面催化分解，形成羟基自由基、超氧自由基、单线态氧等多种活性氧物种，与吸附在催化剂表面的有机物发生氧化反应，或活性氧物种迁移至催化剂界面附近的溶液中，与有机污染物发生氧化反应。初步氧化生成的中间产物进一步被羟基自由基氧化，深度降解生成二氧化碳和水，实现 COD 深度去除目的。通过开发长寿命的高效非均相催化剂，结合催化臭氧氧化塔，提高有机物氧化效率，提高深度处理出水的水质，同时大幅度降低臭氧使用量，从而降低处理成本。

催化臭氧氧化之前一般有生化、絮凝等前处理步骤，水体中残留的絮体、悬浮物等进入催化臭氧氧化过程，容易附在催化剂表面降低活性，并易造成催化剂床层堵塞，大大缩短稳定运行时间。增加多介质过滤预处理步骤，可以有效去除混凝沉淀之后残余在水体中的少量絮体和细颗粒悬浮物，提高臭氧氧化的效率。催化臭氧氧化处理后，出水还残留少量的难降解羧酸类中间产物。而曝气生物滤池或 MBR 降解羧酸类有机物效率高，可作为催化臭氧氧化处理的后续环节，进一步提高有机物去除效率。

4.2.2　技术评价及适用范围

本技术适用于联合钢铁企业或独立焦化厂的焦化废水达标处理，经过多年优化升级，技术成熟度非常高，技术就绪度达到 TRL-8 级，在钢铁/煤化工行业内大规模推广应用，并拓展至煤气化、制药等其他重污染行业。荣获 2018 年度国家科技进步奖二等奖，获奖名称为"全过程优化的焦化废水高效处理与资源化技术及应用"。在技术研发过程中，发表学术论文 57 篇，获授权发明专利 16 项，解决了焦化废水达标处理的世界性难题。

以上研发成果于 2017 年经过成果鉴定（中环科鉴字〔2017〕第 05 号），以张全兴院士为组长的鉴定委员会认为"该研究成果整体上达到国际先进水平，其中酚油协同萃取解毒技术与药剂、高效脱氰技术与药剂、非均相催化臭氧氧化技术与催化剂，及处理效果等达到国际领先水平"。

酚油协同萃取技术就绪度达到 TRL-7 级，已应用于 5 项实际废水处理工程。完成了酚油协同萃取剂的设计开发和规模化制备，萃取剂萃取效率高，可同时脱除单元酚、多元酚、多环化合物、杂环化合物等多种有机污染物，溶解度小，稳定性好，可低成本循环使用。在此基础上，开发了萃取除油-酚油解毒-萃取剂循环的前处理工艺，废水经酚油解毒后，绝大部分强毒/难生物降解物质被去除，生化处理能力得到大幅提升，其中多元酚、多环化合物、杂环化合物脱除能力较传统萃取体系平均提高一倍以上，相关技术被拓展应用于煤化工废水处理。

氧化重构耦合絮凝深度脱氰技术就绪度达到 TRL-8 级，已应用推广于钢铁、焦化和煤化工行业 10 余项废水絮凝深度处理工程（含在建），废水处理总规模达 2.3 万吨/天，进一步建立了药剂规模化制备生产线，具备近 10 万吨/年的产业化生产能力，形成商业化系列产品，获《北京市新技术新产品（服务）认定》（XCP2018HB0088）；新技术与药剂的技术经济优势突出，具有投资少、运行成本低、出水水质稳定、操作简单等优点；与常规工艺相比，COD_{Cr} 和色度去除率分别提高 20% ~ 30% 和 40% ~ 45%，总氰化物去除率大于 90%，且总氰化物含量降至 0.2 ~ 0.5mg/L 以下，稳定满足国家《炼焦化学工业污染物排放标准》（GB 16171—2012）、《钢铁工业水污染物排放标准》（GB 13456—2012）和辽宁省《污水综合排放标准》（DB 21/1627—2008）等地方排放标准要求，有效解决了焦化废水毒性污染物（总氰化物）深度去除的实际技术难题。

催化臭氧氧化技术就绪度达到 TRL-9 级，目前已应用于十几项实际废水处理工程。完成了高效催化剂开发并实现了规模化制备，催化剂生产规模可达千吨/年，催化剂保持较高活性，稳定性高，可稳定使用 3 年以上。结合气液传质模拟优化了臭氧氧化塔设计，增强了气液传质效率，提高了废水处理效果。焦化废水经深度处理后 COD、色度、苯并芘等全部指标达到国家最新排放标准，处理成本低，有机物和色度去除率高，处理成本低于 Fenton 等氧化技术，同时不引进任何盐类，有利于废水回用，而且催化剂稳定性高，寿命长，系统自动化程度高，操作简单。相关技术还可以拓展应用于其他重污染行业低浓度有机废水深度处理，或作为高浓度有机废水预处理技术。该技术作为焦化废水高效处理的重要环节，入选 2019 年工信部和水利部联合发布的《国家鼓励的工业节水工艺、技术和装备目录》及 2019 年《国家先进污染防治技术目录（水污染防治领域)》。

4.2.3 主要技术创新点

（1）提出酚油协同萃取减毒耦合污染物梯级生物降解的废水处理新工艺，创新研制出新型多元复合萃取剂和可实现高浓度菌群高效处理的反应-沉淀耦合一体化装备，实现了资源回收和废水处理工艺稳定运行。

实现多环、杂环类有机物与酚一并分离的关键在于能否高效获得协同萃取极性和非极性有机分子的萃取剂,当前主要通过海量实验研制,效率低,亟须有效的量化设计方法。创新提出了以官能团为基本单元分别建立污染物和萃取剂"虚拟组分",模拟二者极性、非极性特征及其相互作用关系的方法,解决了分子设计中复杂体系液液相平衡非线性强耦合的计算难点。结合化学品数据库大数据分析,首次建立了多元复合萃取剂计算机辅助设计平台,指导新型萃取剂快速设计。结合实际废水的实验验证、油水分相过程界面调控及萃取剂环境友好性评估,设计制备出适合焦化和碎煤加压汽化废水酚油协同萃取的多元复合萃取剂。针对工业生产,解决了大规模制备过程中的反应器内超均匀温度场控制和聚合副反应防控难题,形成了50t/d的商用多元复合萃取剂(IPE-PO)工业生产技术。相比现有萃取剂,新萃取剂几乎不溶于水且可被微生物降解(见表4-1),萃取尾水无需二次精馏处理,按吨水消耗60~80kg 蒸汽计,仅此一项可节约成本10 元/吨水。

表 4-1 常见萃取剂性质及处理某企业低温焦化废水结果对比

萃取剂	水中溶解度(%,质量分数;25℃)	密度(25℃)/g·cm^{-3}	生物降解性	萃余液 BOD$_5$/COD$_{Cr}$	UV254
MIBK	2.2	0.801	可降解	0.18	32
DIPE	0.94	0.725	可降解	0.16	33
IPE-PO	0.048	0.81	可降解	0.26	28

注:原水 COD$_{Cr}$含量:3450mg/L;总酚含量:9534mg/L,结果为三次平均值。

(2)研制出支持高浓度菌群高效降解的反应-沉淀耦合一体化装备,构建了污染物梯级生物降解处理工艺,显著提高焦化废水生化处理系统稳定性。

实际焦化废水受生产工艺和煤种的影响,特征污染物及其浓度波动频繁。通过深入研究发现,不同类型焦化废水生化处理工艺中各阶段特征污染物变迁与微生物群落结构存在紧密相互关系,尤其是含氮杂环开环断链滞后显著抑制硝化群落活性,多环芳烃在细菌表面累积增强对菌群尤其是自养硝化细菌酶活性抑制。据此,开发了反应-沉淀耦合一体化装备,并利用其构建了通过特征污染物耦合水力分选定向调控菌群结构保持增强活性的方法(见图4-9),实现水中毒性有机物和氨氮污染物的梯级高效生物降解。通过酚油协同萃取减毒耦合污染物梯级生物降解,可显著提高实际焦化废水处理过程中生化系统的抗冲击能力,实现废水的稳定、高效处理(见图4-10)。

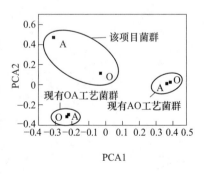

图 4-9 基于反应-沉淀一体化装置的优势菌群构建

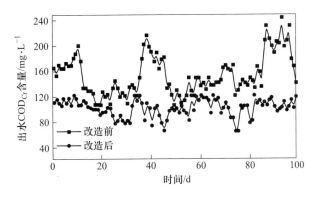

图 4-10 生化工艺改造对比

（3）研发出难降解有机污染物非均相催化臭氧氧化的高效复合催化剂和大型反应设备。

基于污染物分子结构、氧化剂和催化剂活性点之间的交互影响关系研究，设计并制备出两种高效降解污染物的催化臭氧氧化商用催化剂。综合运用臭氧氧化中间产物和自由基原位分析、自由基定向抑制、量子化学计算等手段，发现臭氧分子及其转化形成的超氧自由基和羟基自由基与污染物分子结构之间的匹配关系。超氧自由基、单线态氧、臭氧分子等优先进攻取代酚类、杂环/多环化合物，但污染物氧化形成的羧酸类中间产物难以深度矿化，须通过无选择性的羟基自由基进一步氧化成二氧化碳和水（见图 4-11）。界面催化机理研究表明，表面羰基官能团和碳骨架缺陷位均有助于碳材料催化臭氧分解产生羟基自由基，锰、铁等金属氧化物上氧缺陷位可强化羟基自由基生成；通过掺杂微量稀土元素以及控制制备温度和气氛，可提高催化剂活性，并增强催化稳定性，减少活性金属溶出。

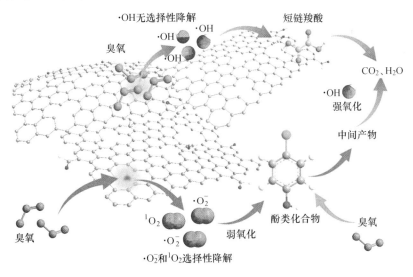

图 4-11 梯度催化臭氧氧化

复合催化剂用于焦化废水深度氧化处理中显示出优异的催化活性和稳定性，如图 4-12所示。

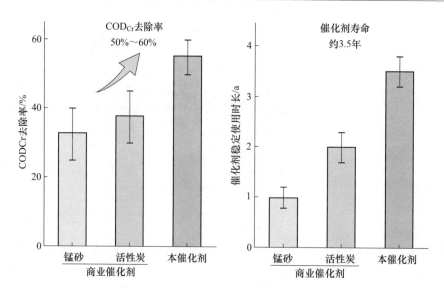

图 4-12　催化剂性能对比

　　开发出基于传质-反应过程优化匹配的非均相催化臭氧氧化专用大型设备。为提高臭氧利用率，该项目基于大量实验，建立了气液传质-臭氧（含超氧自由基、羟基自由基）有效反应-无效分解的数学模型，实现传质速度定量预测，形成了一种简洁高效的调控技术：通过控制臭氧气泡大小调节传质速度，减少了其溶解于水后的无效分解。基于 CFD 模拟优化，设计出适合不同污染物和脱除深度的气体分布器，结合自动控制，形成一系列处理规模为 10~200m³/h 的催化臭氧氧化反应设备。

　　采用上述催化剂和配套设备，创新建立了非均相催化臭氧氧化技术。该技术处理焦化生化尾水，臭氧利用率由报道的不足 70% 提高到 85%~90%，COD_{Cr} 去除率由不足 45% 提高到 50%~60%，在鞍钢建成行业内首套产业化工程，迄今已经稳定运行超过 6 年，如图 4-13 所示，催化剂使用寿命达 3.5 年以上，无二次污染，满足煤化工和钢铁行业工业应用需求。

图 4-13　催化臭氧氧化塔

　　本技术应用于钢铁行业焦化废水深度处理，可有效去除 COD、氨氮、总氰和苯并芘等常规污染物和高毒性特征污染物。目前已投入运行的焦化废水深度处理工程在行业内规模企业占比达到 22.9% 左右，为行业污染减排、焦化废水深度处理后回用做出实质性的技术支撑。迄今已累计实现节水和废水回用 1.1 亿吨，减排 COD 31.8 万吨，总氰 1491t，苯并芘 3.2t，减少排污费 6.8 亿元，增收 7.8 亿元以上，支撑我国 20% 的焦炭合法生产，产值超 1000 亿元/年。

　　本技术有效支撑了行业内主要生产企业的焦化废水达标排放，为稳定满足《炼焦化学工业污染物排放标准》（GB 16171—2012）和《辽宁省污水综合排放标准》（DB 21/1627—2008）等标准提供了经济适用的技术方案。研发的低浓度难降解有机废水深度臭氧催化氧化成套设备入选 2014 年国家鼓励发展的重大环保技术装备目录、2019 年工信部和水利部联合发布的《国家鼓励的工业节水工艺、技术和装备目录》及 2019 年《国家先进污染防治技术目录（水污染防治领域)》等。

4.2.4 典型案例

针对焦化废水资源化与低成本无害化处理的成套技术需求，基于以上创新技术，深入开展全过程综合控污的单元技术集成优化研究，构建了工业设计基础工艺数据包，建成产业化示范工程，并进行深度优化和推广应用。

本技术在鞍钢集团完成中试实验，经过参数优化和工程设计，首次应用于鞍钢集团化工三期焦化废水处理工程，如图 4-14a 所示，处理规模为 200m³/h，稳定运行超过 7 年，催化剂可使用 3.5 年，出水稳定达标。目前该技术已被应用于武钢、鞍钢等行业龙头企业的 30 项废水处理工程（见图 4-14 和图 4-15，其中焦化废水 24 项），废水总处理规模为 5397 万吨/年（已正常运行 4327 万吨/年），其中鞍钢化工三期焦化废水处理工程为焦化行业首套使用非均相催化臭氧氧化技术的产业化工程，武钢-平煤联合焦化厂的焦化废水深度处理工程的处理规模为 400m³/h，如图 4-14b 所示，为迄今国内规模最大的单套处理工程。

a   b

图 4-14　催化臭氧氧化示范工程
a—鞍钢化工三期；b—武钢-平煤联合焦化厂

a   b   c

图 4-15　定向重构耦合絮凝深度脱氰示范工程
a—鞍钢化工三期；b—攀钢焦化废水；c—絮凝剂规模化生产

项目执行以来，成套及核心技术不仅成功应用于鞍钢、武钢、中煤等企业 24 套焦化或煤气化废水处理工程（含 2 套在建），还进一步推广到钨、稀土、电池材料等行业 17 套高浓度氨氮废水处理工程（含 3 套在建）。工程运行表明，与现有技术相比，新技术具有较明显优势，基本避免了现有工艺常出现的"生化系统崩溃"现象，而且出水稳定满足《炼焦化学工业污染物排放标准》（GB 16171—2012）和《辽宁省污水综合排放标准》（DB 21/1627—2008），平均水处理成本同比降低 20% 以上，无二次污染。

4.3　高盐废水资源化处理及回用技术

4.3.1　技术简介

钢铁、煤化工、制药等高耗水、高排污行业，由于生产过程需要大量消耗酸和碱，大部分进入废水中而造成废水含盐量高。含盐有机废水处理是许多行业普遍面临的环保难题，钢铁行业焦化废水和综合废水脱盐回用过程同样产生难处理的含盐有机废水。在水专项的资助下，研发了多杂质协同深度去除、耦合强化高盐有机废水催化臭氧氧化等技术高效去除废水中钙、镁、硅、其他重金属离子和难降解有机物；构建压力-电驱动膜组合技术进行高效脱盐与浓缩，大幅度提高淡水回收率和浓水浓缩倍数；结合分盐与双极膜电渗析酸碱再生技术，将废水中大部分氯化钠转化成酸和碱回用于生产线，提高废水处理工艺的经济效益。该工艺可实现工业含盐废水资源化处理和近零排放，使淡水、酸、碱获得短程循环利用，工艺流程图如图 4-16 所示。

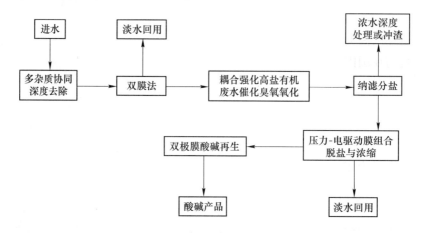

图 4-16　含盐有机废水资源化处理与近零排放技术工艺流程

主要工艺环节如下：

（1）耦合强化高盐有机废水催化臭氧氧化技术。采用过滤、除硬度等预处理后，采用非均相锰-碳复合催化剂，构建纳微气泡与臭氧复合催化耦合强化氧化技术。当高盐废水中 COD 含量为 100~150mg/L 时，COD 去除率大于 50%，有机污染物得到高效去除，臭氧利用率高于 90%，出水满足后续膜系统的进水要求，有机物去除效果明显优于同类技术。

（2）压力-电驱动膜组合高效脱盐与浓缩技术。经过氧化处理之后的出水，经纳滤分离硫酸根和氯离子，含硫酸根的浓水进一步深度处理或回用，含氯离子的出水进一步浓缩。采用表面复合改性方法研制出新型抗污染离子交换膜，构建压力-电驱动膜组合脱盐与浓缩工艺,实现产水率大于 90%,脱盐产水 COD 含量低于 10mg/L、电导率小于 200μS/cm,满足工艺水回用要求。与同类技术相比,膜系统的运行稳定性明显改善。

(3)双极膜酸碱再生和近零排放集成技术。经过前序工序的协同深度除杂和系统优化集成,实现高盐废水中 80% 的氯化钠回收,并采用双极膜倒极电渗析技术转化成浓度为 7%~8% 的稀盐酸和氢氧化钠,回用于企业的其他生产过程,不产生无机盐固废;浓水产率小于 10%,主要含硫酸盐,可满足冲渣等浊循环回用要求。与同类技术相比,本技术可大幅度提高水回用率,实现盐的资源化,并避免生成大量无机杂盐固废。

4.3.2 技术评价及适用范围

本技术适用于含盐低浓度有机废水处理、焦化尾水和综合废水回用,技术就绪度评价等级为 TRL-7,完成了中试实验和工艺包开发,目前已经建成示范工程。

90% 以上水以淡水形式回收,可以用于循环水补充水或者工艺过程;80% 以上氯化钠被制备成 7%~8% 的稀盐酸和氢氧化钠,可满足企业生产需求(如树脂再生、中和等)。过程基本没有二次污染物产生,脱盐残留的浓盐水(占尾水量低于 10%)可用于冲渣或补充电厂脱硫母液。膜清洗周期也较传统工艺提高 200% 左右。直接处理成本为 10~15 元/立方米,扣除淡水、酸和碱的收益后约为 5 元/立方米。

以上研发技术成果于 2019 年 10 月通过了中国环境学会组织的成果鉴定。以吴丰昌院士为组长的鉴定委员会认为,研发的高盐有机废水纳微气泡-催化耦合强化臭氧氧化关键技术、抗污染压力/电驱动膜组合高效脱盐与浓缩等关键技术,达到国际领先水平。

本技术已在国内大型钢铁企业完成处理规模为 50m³/d 的现场中试,验证了所研发技术可行性,目前在国内大型钢铁企业建成 1200m³/d 规模化应用示范工程。以含盐废水处理规模大于 1000m³/d 计算,与同类技术相比,所研发技术运行成本可降低约 60%。废水中 80% 以上氯化钠转化为酸和碱回到生产线,水回收率大于 90%,可实现水、酸和碱的短程循环利用,因此具有较好的经济性。可实现高盐废水有机物的高效去除,大幅度降低浓水排放量(小于 10%),避免生成大量无机杂盐固废,真正实现工业含盐废水资源化处理和近零排放,可为相关高耗水与高排污行业的绿色发展提供技术支撑。

4.3.3 主要技术创新点

本技术的主要创新点包括:

(1)高盐废水中有机物深度氧化技术。研发新型锰-碳固相催化剂,提高了臭氧催化分解产羟基自由基的效率,并提高了催化活性组分的稳定性,提高了难降解有机物的去除率。通过臭氧纳微气泡、臭氧增浓技术与臭氧复合催化氧化耦合强化技术,提高了臭氧与废水的混合均匀度和臭氧利用率,强化了催化臭氧氧化设备反应效率,提高了高盐废水中难降解有机物的去除效率,降低了处理成本。结合纳微气泡和臭氧增浓技术,显著提高了臭氧利用率(由不足 40% 提高到 90% 以上)和 COD 去除率(由 20%~30% 提高到 50%~60%),基本不产生二次污染(不调 pH 值和添加其他化学药剂)。

(2)抗污染电膜组合脱盐与浓缩技术。基于表面复合改性研制新型抗污染离子交换膜和离子交换膜原位修饰技术,构建了智能化电膜脱盐与浓缩成套设备,可实现经预处理后焦化废水的低成本脱盐与高倍数浓缩。使膜清洗周期延长 200% 以上,解决了焦化尾水电渗析脱盐系统中膜污染严重、能耗高和运行不稳定的问题。利用不同膜技术在废水脱盐的适用范围,构建了压力/电驱动膜组合的低成本脱盐与浓缩技术,不仅实现了尾水中95%以上氯化钠得到分离回收,同时使焦化尾水的回用率从传统超滤-反渗透双膜法的60%~70%提高到水回用率大于90%以上,同时产生的浓盐水 TDS 大于15%,可用于双极膜酸碱再生。

(3)基于酸碱再生和水回用的近零排放集成技术。构建了多种杂质离子协同深度去除-低压反渗透-纳微气泡耦合强化臭氧催化氧化-特种膜分盐-离子交换吸附-低成本脱盐与高倍数浓缩-酸碱再生等集成技术。采用低压反渗透处理经过除杂预处理后的废水,产生的淡水可直接回用,产生的反渗透浓水采用强化臭氧催化氧化进一步处理;通过纳微气泡-催化剂耦合强化臭氧催化氧化,可增加高盐废水中难降解有机物的去除效率,降低处理成本;臭氧氧化出水采用特种分离膜进行分盐,可高效去除废水中残余的有机物、重金属和二价离子等,其中产生的少量浓水(低于10%)可直接用于冲渣和煤灰调湿等浊循环回用;特种分离膜出水为含高浓度的氯化钠溶液,采用离子交换进一步去除废水中残余二价离子及其他杂质;含氯化钠的离子交换出水先采用海水反渗透膜进行浓缩,海水反渗透产生的淡水可与低压反渗透产水混合后直接回用;海水反渗透产生的浓水再采用倒极电渗析进行脱盐和浓缩,电渗析产生的淡水可返回反渗透单元重新浓缩;电渗析浓水经过循环浓缩后氯化钠浓度逐渐升高,当 TDS 大于13%后采用双极膜电渗析进行酸碱再生。即双极膜电渗析可把焦化尾水中的氯化钠转化为盐酸和氢氧化钠,可避免传统蒸发结晶产生大量固体杂盐的问题,解决了焦化尾水的回用率低、盐的资源化及废水超低排放的技术难题。本工艺按照全过程综合控污的思路设计工艺路线,不仅成本低,而且稳定可靠。

4.3.4　典型案例

本技术首次在鞍钢焦化三期完成处理规模为 $50m^3/d$ 的中试实验(见图 4-17),处理对象为焦化尾水。经过组合工艺处理后,可产生 COD_{Cr} 浓度小于 $10mg/L$、电导率小于 $200\mu S/cm$ 的淡水;并且尾水中的大部分氯化钠被转化成浓度为 7%~8% 的稀盐酸和氢氧化钠溶液,回用到生产线,不产生无机盐固废;浓水产率小于 10%,主要为硫酸盐,可用于冲渣等浊循环回用要求。

图 4-17　鞍钢化工三期焦化尾水处理现场中试（处理规模为 $50m^3/d$）

在此基础上，在邯钢集团建成处理规模为 $1000m^3/d$ 的示范工程，如图 4-18 所示。

图 4-18　邯钢集团高盐水资源化处理示范工程（处理规模为 $1000m^3/d$）

4.4　钢铁园区水网络全局优化及智慧管理技术

4.4.1　技术简介

　　本技术基于全过程污染控制理念，利用过程系统工程方法和工具，以钢铁园区水网络全局优化和智慧管控为重点，通过源头治理、工艺过程节水及末端治理等水污染控制单元技术在水网络中的综合集成，并结合废水直接/再生后重用和循环使用等废水资源化手段，构建钢铁园区水网络超结构优化模型；通过优化模型的求解，寻求综合用水成本最低的最佳水网络结构与工艺参数，从而为钢铁园区的可持续用水策略、智慧管控平台提供数据和理论支撑；通过对钢铁企业全过程水系统信息的自动收集，结合信息化、数据分析、云技术等手段，以水量平衡和污染物平衡作为基本原则，以园区水系全局优化结果为优化调控参考目标，构建水系统精细化运行知识库和相应的推理机制，并结合数据库、人机接口和知识获取，建设具有成长性的钢铁联合企业水污染全过程控制智能管控平台（见图 4-19 和图 4-20）。

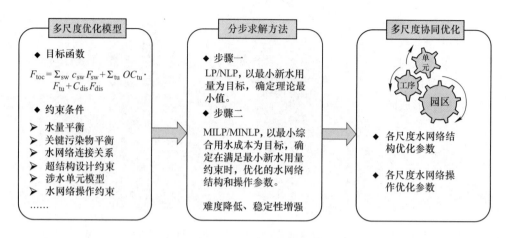

图 4-19　钢铁园区水网络全局优化方法

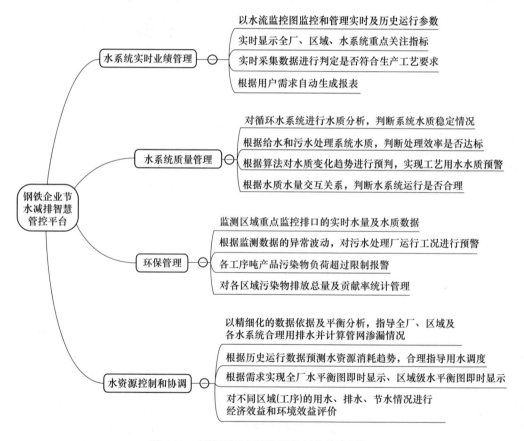

图 4-20　钢铁园区水网络智慧管控技术框架

本技术实施的关键在于：

（1）针对钢铁工业园区水网络结构和用排水特点，开展调研和分析，辨识关键污染物和污染控制关键环节及其对园区污染的影响，形成支持园区水网络优化的数据集。在此基础上，构建涵盖涉水单元、工序水网络、园区水网络三个尺度的水系统超结构模型，描述园区水网络的结构特点及各尺度水系统间的相互作用。

（2）基于水系统超结构模型，建立园区水网络水量平衡、典型污染物平衡为核心的基础约束，以及以国家环保排放标准和钢铁生产用排水要求等为依据的扩展约束，形成以综合用水成本最低为目标的多尺度全局优化模型；解析水网络优化模型的特点，发展快速准确求解策略，形成园区水网络全局优化核心程序和实施框架。

（3）基于设备运行监控、水质水量监控、水系统运维以及水处理药剂消耗和能源监控数据，以水量平衡和污染物平衡作为基本原则，建设智慧管控平台。通过对厂内用水及水处理单元的水质、水量、工艺运行状态及处理效率数据的采集加工，基于全过程污染控制策略和全局优化结果进行优化调控，提升水处理系统综合治理效果，保障钢铁企业全厂水系统的稳定高效运行及实时监管。

本技术中钢铁园区水网络全局优化技术针对钢铁园区水网络用排水特点研发，可直接用于钢铁园区水网络的优化建模和分析，通过模型拓展，也可用于其他类型工业园区水网络优化。智慧管控平台技术适用于钢铁园区整体用排水系统规划、运行和管控。

4.4.2 技术评价及适用范围

对本技术的评价可从社会效益、经济效益和环境效益 3 个方面展开：

（1）社会效益：基于全过程污染控制理念，建立园区以综合用水成本最低为目标的整体节水减排策略，在减小企业环保成本负担的同时，减少水资源的消耗和环境影响，保证了污染控制方案的经济可行性；进一步通过智能管控，实时监控钢铁企业取水和外排水的水质水量，严格控制外排污染物的浓度，保证了污染控制方案的技术可行性，从而改善水环境质量，对预防各种传染病、公害病、提高人民健康水平起到重要作用。

（2）经济效益：钢铁园区水网络全局优化以综合用水成本最低为目标，所得优化结果充分考虑了企业节水减排方案的各类成本，以此指导构建园区的节水减排方案在经济效益方面具有很好的竞争力。钢铁企业建立水系统智慧管控中心，以园区水网络全局优化结果为优化控制参考目标，建成后通过对全厂水质水量监控分析、水平衡及管网漏损监控分析，逐步实现精细化管理，提升循环水浓缩倍数，降低补水量和排水量，从而达到节水减排目标；循环水系统的水质稳定药剂投加量将随着补水量及排放水量的降低而减少，从而节约药剂费用。

（3）环境效益：智慧管控平台的环保监测预警报警功能提高了对突发事件的发现与响应速度，大大提高了工作的协同性，提高了水系统运行稳定性并降低了环保风险。在采用全过程污染控制策略的情况下，基于本技术对各种运行情景优化后，案例园区理论取水量和废水排放量均可降低 10% 以上。需要指出的是，本技术实施效果与目标钢铁园区现有水网络的结构特点和用排水操作特点有关，不同园区结果有所不同。进一步通过水网络全局优化和智慧管控平台的综合应用，可以保障钢铁企业各用水系统与水处理系统的协同，实现合理、智能运行，减少用排水量，并保证环境排放达标，减少水处理过程能耗，降低综合用水成本。最终实现钢铁企业综合节水 5%~10%，节省水处理运行费用 10% 以上。

4.4.3 主要技术创新点

本技术基于全过程污染控制理论，根据钢铁生产用水、排水的特点，建立了钢铁园区水网络全局优化的方法、框架和程序模块，可为钢铁园区的可持续用水提供直接的技术支撑。进一步建立了用于支撑钢铁园区水网络优化调控的智慧管控平台，用于支撑全过程水污染控制理念的具体实施。

主要技术创新点如下：

（1）基于全过程污染控制理论，将污染控制单元作为生产流程的一部分，实现了生产与污染控制的紧密耦合，有利于挖掘节水减排的最大潜力，实现生产与污染控制的协同优化；以综合用水成本为优化目标，在满足达标排放的条件下，保证了优化方案的经济可行性和可实施性。

（2）与普通的物质流分析模型相比，钢铁园区水网络多尺度优化模型描述各尺度水系统结构及其相互作用更准确，全局性更强。

（3）基于物联网、信息化技术的水系统综合信息收集及分析技术，以园区水网络全局优化结果作为优化调控参考目标，构建基于全过程水质水量平衡优化的智能管控模型，实现水系统智能化监控和钢铁联合企业全园区水资源合理调配。

（4）水系统智慧管控平台通过科学的工作流程设计、标准化作业过程、突出核心业务、跟踪业务过程，全面提升工作质量、有效减少浪费、识别和解决工作缺陷，达到提高水处理作业效率的目标。实现了园区水系统相关数据自动汇总、报表生成、数据分析、水系统运行状态参数提取，减少了技术工作人员事务性和整理性的劳动负荷。

目前，国内钢铁行业的节水减排以单元技术研发为重点，仍沿用传统的末端治理理念，亟须向全过程污染控制转变。本技术将为全过程污染控制理念的推广实施提供直接的技术支撑。本技术建立的钢铁园区水网络全局优化软件和智能管控平台，以全过程污染控制理论为指导，通过模型求解，可获得不同情景园区综合用水成本最低的最佳水网络结构与工艺参数，可为国家或地方的标准、规范、指南、导则以及相关决策制定提供直接的技术和数据支撑。未来可以通过国家的标准或者规范，为中国钢铁工业协会、地方政府和相关企业整体规划和产业调整提供参考依据。

4.4.4　典型案例

基于开发的钢铁园区水网络全局优化方法，根据鞍钢园区生产过程用水、排水及水处理等典型涉水单元、工序及园区水网络结构和用排水操作特点，开展园区水网络的优化。利用开发的水网络全局优化程序，研究了不同条件下园区水网络优化方案。优化计算结果表明在多种案例条件下，园区水网络优化后，综合用水成本和新水用量可降低10%以上，回用水使用量增加20%以上，废水排放量有不同程度降低。其中，示范工程项目建成运行，在实现全过程水污染控制的情况下，园区水网络优化后节水减排效果最显著，有可能实现综合用水成本降低20%，废水排放降低30%以上。

以邯钢园区为研究对象，在园区废水处理单元技术、过程节水技术、分质分级循环利用关键技术研发和流程重构的基础上，开展了在不同情境条件下，园区全过程水污染控制方案的研究。提出综合用水成本最低的园区水网络结构和用水操作参数的协同优化策略和方案。研究结果为邯钢示范工程建设，以及制定园区整体节水减排策略，特别是废水零排放方案，提供了数据和工具的支撑，同时为园区水网络智能管控平台的建设提供了直接的理论和数据支持。

智慧管控平台已建立循环水模拟系统中试试验平台，包括以下四部分：（1）模拟循环水系统，其中数据采集传感器包含水质、水量监测仪表，如温度热电偶、电磁流量计、液位计、在线 pH 计、在线电导率仪、在线总磷仪等；（2）网络及辅助设备包含防火墙、以太网交换机、打印机、UPS 等；（3）平台和质控设备包含水处理信息平台软件、数据库服务器、应用服务器、WEB 服务器等；（4）客户端包含电脑及显示器、大屏显示系统、手机终端等。平台模拟的循环水系统设计运行水量为 $2m^3/h$，补水和排水为间歇运行，设计补水水量为 $0.5m^3/h$。用户水箱为封闭式水箱，利用余压进冷却塔，循环水水温温升控制为 10℃。为尽可能达到模拟效果并贴合较现场环境缩小后的模拟系统，进行了部分电气改造设计以符合模拟环境。为满足业务流程和部署方式达到与现场一致的效果，中试平台信息化采集的硬件可模拟现场同等量级的数据进行。

在邯郸钢铁集团有限责任公司建设的示范工程已经运行，智慧管控平台基于对钢铁企业用排水的全生命周期进行自动化、智能化监控与分析管理，从水源取水、制水、用水、回用处理、漏损到排放消耗，对水的水量、水质、水温、水压进行整体的物质流、流量流的监控分析及指导调度，达到对水系统运行、平衡优化、能源节约、环保管理、管网过程调控整体统一的智慧管控，取得节水减排、节能降耗、节约运行费用的经济与环境效益。基于物联网、工作流程设定的节水减排智慧管控平台，融合了创新的钢铁企业多因子水网络水质水量平衡优化算法以及钢铁企业节水减排处理技术，可支撑钢铁企业用排水系统优化运行，实现对钢铁园区水系统全生命周期的监控、钢铁园区水系统的运行分析和优化、钢铁企业综合节水 5%~10%、节省水处理运行费用 10% 以上。

此外，在攀钢集团西昌钢钒有限公司水处理过程控制也建成了工程示范，水处理总规模为 201.9 万立方米/天，利用工序用水工艺改造（大型钢铁联合企业节水减排水平衡技术）、污水处理回用于循环水系统、高性能水稳药剂（污废水回用安全保障技术）、钢铁企业水资源精细化管理制度及措施、循环水专家管理系统等技术，示范运营部分节约新水量达 $37m^3/h$，节约新水比例为 59.14%。攀钢西昌钒钛钢铁有限公司通过技术成果中相应技术与管理手段的应用，使循环水运行管理能力处于国内先进水平。全厂循环水系统运行浓缩倍率不低于 3.5。

5 钢铁行业水污染全过程控制技术展望

我国钢铁行业经过 30 余年的快速发展，在生产能力、生产规模、产业结构调整和水污染控制方面均取得较大进步，吨钢耗水量显著下降，水循环技术日益成熟。目前我国炼铁、炼钢、连铸、轧钢、原料等工艺废水与设备冷却水均能实现较高比例循环利用，水质稳定技术也达到一定水平。通过多年努力，焦化废水深度处理技术、轧钢乳化液废水处理、超滤技术及废酸回收技术等已经取得较好发展。但水质稳定的药剂品种、同步监测设备等方面尚存在较大差距，含油污泥脱水技术、有机膜的适用性和国产化供应等方面还有待提高。

目前，环保政策不断趋严，大气污染物超低排放成为钢铁行业环保治理的前沿阵地，钢铁行业废水污染控制和水高效回用也越来越受到行业的高度关注。最经济有效的原则应该是针对不同水质的污水采用不同的处理方法，供给不同的用户，实现水资源最大限度的合理使用。因此应转变观念，从传统的末端治理为主转向源头控制为主，从单工序单介质治理向全流程循环利用转变。即从工艺角度出发，逐步淘汰资源、能源消耗大，污染物排放量大的落后工艺，采用能够使资源、能源最大限度地转化为产品，污染物排放量少，用水少的工艺，实现全流程水、气、尘综合治理。如"干熄焦"工艺代替一直使用的喷水熄焦技术，不但降低水消耗量，还减少大气和水体污染。用干法除尘工艺取代一直使用的湿式洗涤工艺，不仅节约了用水，而且根除了湿法除尘工艺中洗涤水污染。城市和矿山废水经处理后成为钢铁企业新水替代资源，特征污染物分离脱除后成为其他生产过程的资源等。

开发深度处理新工艺和新型水处理药剂是满足绿色制造和可持续发展的需要。节约工业新水用量，减少工业污水的排放量，则是钢铁企业水系统所追求的目标。其中，工业污水脱盐回用将是大势所趋。目前在污水的深度处理中反渗透膜技术应用较多，但存在的问题是对水的预处理要求严格，且膜清洗困难，反渗透膜设备造价高等，这些不利因素都制约着钢铁企业废水治理和利用的发展，因此深度处理新工艺、新型环保且价格低廉的污水处理剂及适合中国国情的工业废水资源化技术成为该领域重点发展方向。

钢铁行业水污染控制工作任重而道远，我们要以绿色发展为指导，以水的循环利用和集约利用为目标，以技术进步为支撑，以强化管理为手段，坚持节蓄并举，持续完善水的串级利用，循环利用和一水多用等废水重复利用技术，提升废水零排放水平，进一步改善区域生态环境，实现钢铁行业的发展与经济社会、资源环境的和谐统一。

5.1 钢铁行业水污染全过程控制技术路线

根据全生命周期的钢铁行业水污染全过程控制方案和各单项关键技术的发展状况，提出钢铁行业水污染全过程控制路线图，如图 5-1 所示。从时间节点上分析预判全过程控制

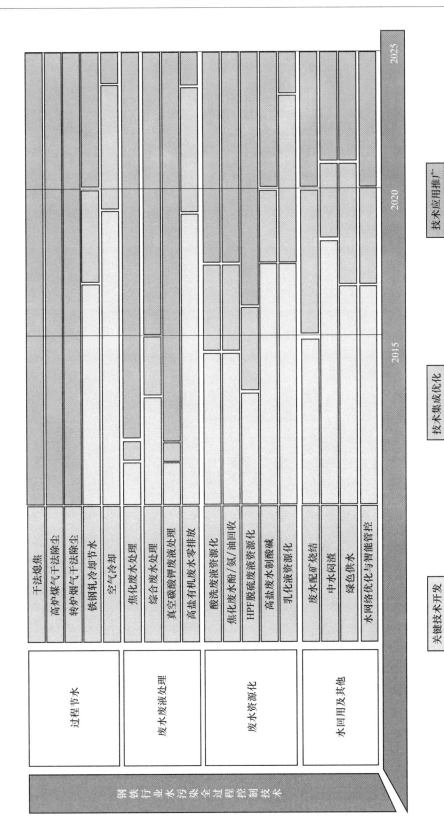

图 5-1 基于全生命周期的钢铁行业水污染全过程控制路线

方案实施进度，通过"十一五""十二五""十三五"三个五年计划，分阶段实施钢铁行业的水污染全过程控制方案。

"十一五"阶段，建立了钢铁行业清洁生产评价指标体系（征求意见稿），污水闷渣、煤调湿、干熄焦、配煤与清洁焦化等清洁工艺已研发成熟，在部分钢铁或焦化企业实现工程应用。开展了部分单项典型废水处理单元技术研发，同时国家也制定相关法规和指导文件，引导企业提升清洁生产水平。如工业和信息化部 2011 年发布的《钢铁工业"十二五"发展规划》，在"十二五"期间要求重点统计钢铁企业焦炉干熄焦率达到 95% 以上，整个焦化行业干熄焦率达到 40% 以上。

"十二五"期间，钢铁行业水污染全过程控制以单项关键技术集成为主，面对重点污染工艺特征污染物高效深度经济脱除的难点和企业关注的痛点，针对不锈钢酸洗废液资源化、焦化废水剩余氨水强化处理、废水分质分级利用开展单项或集成技术开发，并优化完善了酚/油回收、HPF 脱硫废液资源化、废水脱盐与回用、真空碳酸钾脱硫废液无害化等关键技术，部分技术经过中试实验论证后实现了工程化应用，初步形成了钢铁行业水污染控制的整套技术。

"十三五"期间，对前期形成的单项关键技术和成套处理技术进行标准化升级，输出成熟工艺包，面向所有钢铁企业和焦化企业进行行业内推广工作。

在单项关键技术开发、关键技术集成优化、成套技术标准化及行业推广的不同发展阶段中，处理成本、节水和污染物排放始终贯穿其中。这是钢铁行业水污染控制成效的三大重要指标，也是判断技术先进行、经济性、实用性的合理依据。通过三个不同阶段的技术开发和集成工程，稳步降低钢铁行业水污染控制成本、逐步提高企业节水能力、有效控制企业污染物排放总量，使钢铁企业节水减排，健康发展。

5.2　钢铁行业未来水污染全过程控制技术发展趋势

长期以来，钢铁工业为国家建设提供了重要的原材料保障，有力支撑了相关产业发展，推动了我国工业化、现代化进程，促进了民生改善和社会发展。"十四五"期间，我国将全面落实钢铁行业超低排放，实现钢铁工业绿色可持续发展。未来钢铁行业将更加强调高质量发展理念，绿色化和智能化将是重要创新主题。钢铁行业水污染高效全过程控制对实现钢铁工业转型升级，建成世界钢铁强国，建设制造强国具有重要意义。目前，钢铁行业废水污染控制技术已日趋成熟，但仍然存在治污成本高、污染转移等问题，且水污染控制正由规模增长向提质增效转变，水污染物排放标准呈现进一步收紧的趋势，钢铁工业废水处理提标改造面临着较大的挑战。亟须从全生命周期入手，以污染物低成本处理和资源高效利用为目标，进行全过程控制。钢铁水污染防治应从整个园区水资源综合利用的角度统筹考虑，按照低质低用、高质高用、梯级利用、循环利用的原则，实现企业之间水资源的相互调配，最大程度的减少废水排放量，从整体上实现废水"零排放"。同时，要拓展节能减排新途径，统筹跨介质污染治理，将水污染控制、烟气治理、固体废弃物综合利用、碳减排节能降耗等协同考虑，提高对污染物处理过程的精准控制，实现钢铁工业绿色可持续发展。未来钢铁行业水污染控制的重点将体现在以下三个方面。

5.2.1　供水-用水-废水处理-水循环利用统筹

钢铁工业园水网络包含单元、工序和工业园等三个尺度水平的子水系统，由于水网络复杂、规模庞大等原因，缺乏对多尺度水网络的整体优化设计，且没有充分结合实际用水、排水以及水处理特点建立单元模型、超结构等，钢铁工业园水网络优化设计缺乏理论知识。所以在未来的发展进程中，应针对水网络中不确定参数的问题，深入研究不确定条件下的钢铁工业园水网络优化设计，实现单元-工序-工业园的多尺度统筹。

针对钢铁生产各工序单元供水、用水特点，以及钢铁行业废水污染源解析，科学统筹供水-用水-废水处理-水循环利用，重点建立以水分级分质利用与有毒污染物深度处理为核心的钢铁水污染全过程防控发展战略，建立节水型钢铁工业。进一步加强钢铁行业绿色供水、轧钢节水、高炉干法除尘与干熄焦用水，废水废液强化处理（焦化废水强化处理、综合废水深度处理和乳化液资源化），水分级分质与循环利用和全局优化回用（高盐废水制酸碱、中水代替新水球团、焦化尾水清洁闷渣），坚持资源利用效率优先和循环利用（减量化、再利用、再循环）原则，减少水消耗和有害废水排放，提升钢铁行业水循环利用，这样全流程钢铁联合企业可实现废水零排放目标。

构建废水全链条协同减排体系，实现工厂废水与园区综合废水的协同处理。进行节水-废水处理-中水回用全面、综合、客观的统筹和设计，分析比较主要影响因素，构建绿色产业链；推进现有钢铁企业和园区开展以节水为重点内容的绿色高质量转型升级和循环化改造，加快节水及水循环利用设施建设，促进企业间串联用水、分质用水，一水多用和循环利用。新建企业和园区要在规划布局时，统筹供排水、水处理及循环利用设施建设，推动企业间的用水系统集成优化。强化钢铁园区用排水系统全生命周期监控及不同工序之间水系统的调配，形成基于人工智能的全过程跨尺度在线量化调控技术，实现由人工管控向智能管控的转变。

5.2.2 基于污染物生命周期的水污染全过程控制

开展基于污染物生命周期的工业污染全过程控制，将污染治理向生产过程源头控制延伸，从源头、过程到末端一体化统筹考虑全过程污染控制，建立全过程水污染控制技术体系及工艺集成，在满足环保标准的同时，实现综合成本最小化。针对钢铁行业污染强度大、污染成分复杂的情况，总结行业污染特征，完成钢铁产品基于 LCA 的水统筹；从钢铁行业生产流程各环节出发，研究钢铁行业在不同原料、不同工艺、不同规模条件下产排污环节、产污机理、产排污量以及特征污染物等情况，总结钢铁工业排污规律与特点，重点研究各行业产污环节废水组成以及有毒有害污染物的存在形态及特征；总结出钢铁行业排污量、特征污染物的贡献率和对环境的影响情况；研究特征污染物处理过程中的迁移转化规律，全面掌握钢铁行业有毒有害污染物的产生与排放现状。

基于物质转化的原子经济性概念等对清洁过程进行源头污染控制，同时结合系统工程和最优化方法设计资源高效分层多级利用强化资源回收过程，并通过低成本无害化处理使综合毒性风险降低，最终建立源头减废、过程控制与末端治理一体化的污染全过程控制系统，实现综合成本最小化和满足环保排放标准。从简单达标排放向资源回收和废水资源化方向发展。生态工业倡导可持续发展，要求尽可能优化物质-能源的整个循环系统，从原材料、零部件、产品，直到最后的废弃，各个环节都要尽可能进行优化。对钢铁工业系统而言，其生态化的核心就是物质和能源的循环，实现不外排废弃物。为了从根本上解决钢铁工业污水对水环境的污染与生态破坏，必须把整套循环用水技术引入生产工艺全过程，使废水和污染物都实现循环利用。组成一个资源—产品—再生资源的反复循环流动的过程，实现污水最少量化与最大的循环利用。目前，钢铁企业常用的废水处理方法大多为一级或多级治污，然后实现达标排放，这样处理不仅浪费废水中的有价资源，而且污水处理费用高。因此先从废水中回收有价资源，然后将处理后的水资源回用，将成为今后的发展趋势。"十二五"和"十三五"期间，围绕"减量化、无害化、资源化"的基本原则，我国钢铁工业废水处理已取得了阶段性进展和成果，实现了减量化和部分无害化，处理处置技术体系和政策标准体系初具雏形，但资源化还远滞后于当前的科技发展水平。从以"处理处置"为目标转变为以"资源化利用"为导向，走"绿色、低碳、循环"发展道路，将是解决废水污染问题、缓解我国资源短缺的重要突破口。观念转变、科技创新则是开创工业废水特别是钢铁行业废水资源化利用新局面的核心。

5.2.3 气-水-固-土壤跨介质协同综合控污

目前我国已经告别环境治理相对单一的时期，跨入多种介质、多项因子协同并治的阶段，随着我国经济社会步入增速下降和环境承载力达到或接近上限的新常态，钢铁行业要健康发展，必须积极适应环境保护新常态，控制"三污一废"，实现经济"绿化"。从严控制 SO_2、NO_x、颗粒物、VOCs、二噁英等大气污染物，促进温室气体减排等方面，打赢"蓝天保卫战"；优化资源配置，完善梯级利用，消减排污节点，淘汰落后设备，实现"节水-减排-控污"的衔接融合，推进厂区工业废水"近零排放"，打好"碧水保卫战"；激励技术创新与产业升级，促进固废源头减量，提高钢渣、水渣、含铁尘泥、废旧耐材等固废的回收利用率，实现"固废不出厂"与"变废为宝"，护卫"绿水青山"；重点整治重金属与有机复合污染突出区域，强化土壤污染风险管控，研究场地土壤污染物累积与跨介质的源汇动态平衡机制，健全评估与预警方法，制定技术评价标准体系，推进"净土保卫战"。

通过跨介质污染解析与风险评估研究及碳减排协同控制技术推广，提升科技对污染防治的支撑能力。针对钢铁行业污染具有多源、跨介质和复合途径等特征，以及目前污染控制单介质、小尺度和碎片化的现状，率先加强跨介质污染成因的基础性和系统性研究，强化污染解析与风险评估技术研发。基于钢铁行业污染源排放因子、强度及途径分析，研发工业有毒有害污染物精准溯源与源头减排技术，建立基于风险排序的高风险污染物识别及评估技术，探明主要污染物的跨介质关键循环过程及其生态环境效应。同时，为保障我国实现 2030 年碳达峰和 2060 年碳中和的目标，建议将钢铁行业跨介质污染控制与碳减排协同考虑，提高对污染物处理过程的精准控制。将有机物降解和甲烷、氢气等能源化回收结合，加强低成本、低碳源能耗、高效率的水污染治理技术、药剂、装备等多元化研发，保障污染物控制的低碳运行。推广气-水-固-土壤多要素、多领域协同治理技术，创新推动污染协同防治。

基于污染协同监测及排放标准统筹，建立健全的跨介质污染管理机制。局地式、分割型、单要素的环境管理模式，无法解决区域复合污染，建议以园区为单位，建立大尺度环境过程监测协同控制系统及工业园区水、气、土三种环境介质排放监测与预警机制，提升污染物的监测工作和质量控制，形成多环境介质中多种污染物的协同监测能力，建立钢铁行业污染源苯系物、多环芳烃、氰化物、重金属等排放清单，有效监控企业污染物质排放，规范企业排污。同时，加强跨介质污染排放标准制定，从关注单一水、气介质污染排放，到统筹考虑特征污染物释放，如废水排放标准中增加固废和 VOCs 产生量等规定，统一制定吨产品排放量污染标准等。通过调整监测模式和监管排放标准，促使园区及企业绿色、安全、可持续发展，提升跨介质协同治理能力，有效提升区域环境质量。

参 考 文 献

[1] 果成龙. 钢铁工业节能技术发展现状及趋势 [J]. 冶金管理, 2019 (7): 120, 141.

[2] 王建军. 世界钢铁产业整合的历程及其对我国的启示 [J]. 创新, 2011, 5 (1): 39~41.

[3] 世界钢铁工业生产技术工艺结构 [J]. 海南矿冶, 1994 (2): 44~45.

[4] 杨榜. 世界钢铁工业格局的演变 [J]. 冶金信息导刊, 2007 (5): 10~13, 64.

[5] 吴义生. 世界炼钢技术的发展与启示 [J]. 山东冶金, 1999 (2): 1~4.

[6] 李丽杰. 污水处理工艺的生态安全性研究进展 [J]. 石化技术, 2016 (9): 248.

[7] 毛慧婷. 近年来世界钢铁行业发展状况概述 [J]. 经营管理者, 2009 (23): 205, 231.

[8] 金琳. 世界钢铁工业面临的困境及发展机遇 [J]. 冶金管理, 2009 (4): 24~26.

[9] 李海涛. 近代中国钢铁工业发展研究 (1840~1927) [D]. 苏州: 苏州大学, 2010.

[10] 李海涛. 百年中国近代钢铁工业发展史研究综述 [J]. 武汉科技大学学报 (社会科学版), 2011
(6): 714~719, 737.

[11] 张寿荣, 于仲洁. 中国炼铁技术 60 年的发展 [J]. 钢铁, 2014 (7): 8~14.

[12] 周维富. 我国钢铁工业 60 年发展的回顾与展望 [J]. 中国钢铁业, 2009 (6): 6~15.

[13] 殷瑞钰. 中国钢铁工业的回顾与展望 [J]. 鞍钢技术, 2004 (4): 1~6.

[14] 丁同亮. 新中国钢铁工业 50 年 [J]. 上海集邮, 1999 (6): 11.

[15] 李扬. 中国钢铁工业空间格局演化历程与国际比较 [C]//新型工业化与工业现代化——第十三期
中国现代化研究论坛.

[16] 李维芳. 我国钢铁行业现状分析与发展方向探索 [J]. 经济问题探索, 2004 (12): 27~30.

[17] 刘璐. 中国钢铁行业现状、分析及对策研究 [J]. 经营管理者, 2014 (7X): 241.

[18] 刘勇, 曹跃华. 钢铁企业污水处理技术及运行管理 [J]. 通用机械, 2014 (4): 26~29.

[19] 李新创. 钢铁产业的五大特点 [J]. 中国产经, 2010 (7): 30~31.

[20] 李保才. 供给侧改革背景下我国钢铁产业产能过剩问题研究 [J]. 中小企业管理与科技, 2018
(2): 63~64.

[21] 陈爱雪. 供给侧改革背景下我国钢铁产业产能过剩问题的解决路径研究 [J]. 工业技术经济,
2016, 35 (10): 133~137.

[22] 楚振宇. 论供给侧改革背景下我国钢铁行业的发展趋势 [J]. 绥化学院学报, 2016 (9): 15~17.

[23] 姚鑫. 浅析供给侧改革背景下中国钢铁行业转型之路 [J]. 经贸实践, 2017 (9): 133, 136.

[24] 俞秀. 我国供给侧改革问题研究——以钢铁贸易为例的去产能分析 [J]. 中国商论 (10): 1~2.

[25] 翁汪茵. 浅析供给侧改革背景下我国钢铁贸易的政策选择 [J]. 时代金融, 2018 (6): 12~13.

[26] 李新创. 关于中国钢铁产业深化落实供给侧结构性改革的战略思考 [C]//中国企业改革发展优秀
成果 (首届) 发布会暨中国经济发展阶段性转换专题报告会, 2017.

[27] 徐君, 任腾飞. 供给侧结构性改革驱动钢铁产业转型升级的效应和路径研究 [J]. 资源开发与市
场, 2017 (5): 579~583.

[28] 任继球. 供给侧改革中的钢铁行业: 发展成效与趋势展望 [J]. 宏观经济管理, 2018 (7): 25~32.

[29] 王维兴. 钢铁工业用水现状和节水思路 [J]. 金属世界, 2005 (6): 6~9.

[30] 张书珍, 孙晓然. 国内钢铁工业废水处理现状及发展趋势 [J]. 中国钢铁业, 2010 (9): 18~21.

[31] 金亚飚. 浅谈钢铁企业工业污水处理现状和存在的问题 [J]. 中国环保产业, 2009 (1): 31~34.

[32] 孙婷, 王韬, 邵芳, 等. 我国钢铁工业用水定额现状及问题探讨 [J]. 中国水利, 2015 (23):
52~54.

[33] 王绍温, 王小青, 张毅. 我国钢铁企业用水现状及节水措施 [J]. 工业用水与废水, 2018, 49
(6): 11~14.

[34] 仝永娟, 蔡九菊, 王连勇, 等. 钢铁联合企业的用水需求分析 [J]. 冶金能源, 2019, 38 (5): 3~9, 14.

[35] 张进生, 吴建会, 马咸, 等. 钢铁工业排放颗粒物中碳组分的特征 [J]. 环境科学, 2017 (8): 10~17.

[36] 曾祉祥, 张洪, 单保庆, 等. 汉江中下游流域工业污染源解析 [J]. 长江流域资源与环境, 2014, 23 (2): 252~259.

[37] 吴晓. 钢铁废水处理及回用实例分析 [J]. 江西科学, 2013 (5): 656~658, 668.

[38] 张明前, 周时朋. 我国钢铁工业废水治理及其发展趋势 [J]. 四川环境, 1994 (2): 1~4.

[39] 邓平, 巩磊. 钢铁企业污水深度处理后浓盐水处理实践 [J]. 中国冶金, 2018, 28 (10): 67~71.

[40] 边蔚, 田在锋, 王月锋. 钢铁工业节水及水污染控制技术研究进展 [J]. 绿色科技, 2015 (9): 237~240, 243.

[41] 张书珍, 孙晓然. 国内钢铁工业废水处理现状及发展趋势 [J]. 中国钢铁业, 2010 (9): 18~21.

[42] 潘真, 胡俊勇. 新钢工业废水处理技术分析 [C]//2010 年全国能源环保生产技术会议文集, 2010.

[43] 白爱丽, 马红刚, 陈芳, 等. 钢铁企业工业污水处理技术研究 [J]. 河南科技, 2012 (12X): 30.

[44] 田志明, 田丽. 钢铁企业工业污水处理技术探讨 [J]. 科技与企业, 2012 (7): 199.

[45] 冬志裕. 钢铁企业工业污水处理技术探究 [J]. 科技风, 2017 (6): 164.

[46] 邹元龙, 赵锐锐, 石宇, 等. 钢铁工业综合废水处理与回用技术的研究 [J]. 环境工程, 2007 (6): 6, 101~104.

[47] 张清友, 张永鑫. 钢铁工业清洁生产及污染全过程控制 [J]. 河南冶金, 2000 (5): 3~6, 37.

[48] 张静, 喻罡. 粉煤灰处理废水研究进展 [J]. 广州化工, 2019 (8): 24~26.

[49] 张子间. 酸性矿山废水处理技术研究进展 [J]. 金属矿山, 2005 (z1): 10~12.

[50] 李兰云, 赵亮, 徐静, 等. 铜矿山生产废水处理技术的研究进展 [J]. 昆明冶金高等专科学校学报, 2007 (5): 76~79.

[51] 宋强, 谢贤, 杨子轩, 等. 国内外选矿废水处理及回收利用研究进展 [J]. 价值工程, 2017 (2): 90~93.

[52] 刘琳. 金属选矿废水处理技术的研究现状与发展 [J]. 科技视界, 2014 (11): 302~303.

[53] 李楠. 选矿废水处理及回用技术进展 [J]. 军民两用技术与产品, 2017.

[54] 刘馥雯, 郭琳, 刘晨, 等. 选矿废水处理及回用技术进展 [J]. 有色金属科学与工程, 2017 (1): 134~138.

[55] 张雅潇. 选矿废水处理技术及其应用 [J]. 内蒙古科技与经济, 2017 (13): 88~89.

[56] 李洪枚. 选矿废水处理回用方法与工程应用 [J]. 湿法冶金, 2015 (6): 439~443.

[57] 王绍文, 钱雷, 邹元龙, 等. 钢铁工业废水资源回用技术与应用 [M]. 北京: 冶金工业出版社, 2008.

[58] 刘怀胜. 钢铁企业循环冷却水处理技术的研究 [J]. 四川冶金, 2006 (1): 33~36.

[59] 周本省. 工业循环冷却水处理技术进展 (Ⅱ) [J]. 清洗世界, 2004 (12): 17~21.

[60] 张成玲. 循环冷却水处理概述 [J]. 河南化工, 1994 (8): 6~7.

[61] 朱秀绵. 循环冷却水处理经验介绍 [J]. 工业水处理, 1992, 12 (5): 32~35.

[62] 李传常, 唐爱东. 处理高炉煤气洗涤废水的工业试验 [J]. 吉首大学学报 (自然科学版), 2013 (1): 82~86.

[63] 王作顺, 杨文忠. 废水综合利用的鞍钢主炉煤气洗涤循环水系统的水质稳定处理 [J]. 工业水处理, 1996, 16 (5): 40~42.

[64] 熊正为, 黄仕元, 陈春宁, 等. 钢铁企业高炉煤气洗涤废水处理工艺的改进 [J]. 给水排水, 2001 (12): 54~56.

[65] 熊正为，谢水波，陈春宁，等. 钢铁企业高炉煤气洗涤污水处理工艺的改进 [C]//中国土木工程学会水工业分会第四届理事会第一次会议论文集，2002.

[66] 黄廷林. 高炉煤气洗涤废水的处理技术 [J]. 中国给水排水，1999 (3)：30~31.

[67] 何丽莉. 高炉煤气洗涤废水治理技术研究现状 [J]. 辽宁师专学报：自然科学版，2008 (1)：9~10.

[68] 孙铜，姜宝安. 高炉煤气洗涤水处理的研究与应用 [C]//中国水处理技术研讨会，2010.

[69] 林好斌，任鹏. 高炉煤气洗涤污水处理新工艺设计及应用 [J]. 新疆钢铁，1997 (3)：30~34.

[70] 颜斌. 高炉冲渣水处理工艺技术的研究 [D]. 武汉：武汉科技大学，2013.

[71] 周海清. 高炉水冲渣废水处理 [J]. 重庆环境保护，1983 (4)：14~19.

[72] 农理敏，张洪波，韩伟，等. 柳钢高炉冲渣水冷却循环零排放技术改造 [J]. 炼铁，2009，28 (4)：53~55.

[73] 刘启林. 信钢高炉冲渣废水处理工艺的特点 [J]. 炼铁，2000 (5)：47~48.

[74] 应宝华. 一种新型的高炉冲渣水处理工艺——过滤笼处理法应用与探索 [J]. 冶金动力，2012 (2)：71~73.

[75] 李祖泳. 高炉冲渣水处理系统的运行与改造 [J]. 梅山科技，2000 (3)：18~20.

[76] 付国军，黄远海. 90t 转炉煤气洗涤水循环系统的应用与水质研究 [J]. 涟钢科技与管理，2001 (5)：13~15.

[77] 杨倩宇. 宝钢高炉和转炉煤气洗涤水处理技术 [J]. 钢铁，1998 (8)：66~69.

[78] 张建磊，张焕祯，张宏达，等. 焦化废水回用转炉煤气洗涤水系统可行性研究 [J]. 工业水处理，2007 (9)：56~59.

[79] 金秀红，李绍全，焦志增，等. 炼钢转炉煤气除尘水系统水处理技术探讨 [J]. 工业水处理，2008 (7)：88~90.

[80] 张长生. 马钢转炉煤气洗涤污水及污泥处理工艺的改进 [J]. 冶金动力，2007 (5)：54~57.

[81] 金亚飚. 转炉煤气LT干法除尘水处理设施设计 [J]. 冶金动力，2014 (4)：70~71.

[82] 朱安云，董进. 转炉煤气洗涤废水零排放措施及优缺点 [J]. 科技经济导刊，2016 (9)：143.

[83] 吴作成. 轧钢（连铸）废水的特点及水处理工艺技术分析 [C]//全国给水排水技术信息网年会，2007.

[84] 曲余玲，毛艳丽，王淙. 轧钢废水处理工艺及发展趋势 [J]. 鞍钢技术，2014 (1)：6~11.

[85] 陈辉. 轧钢废水处理工艺及发展趋势 [J]. 科技资讯，2014 (36)：112.

[86] 张纯龙，范纪涛. 试论炼钢工业废水处理技术 [J]. 中国新技术新产品，2013 (21)：123.

[87] 郝文萍，盛新一，崔振华. 冷轧废水处理站设计及运行管理 [J]. 科技信息，2009 (1)：70~71，99.

[88] 张垒，薛改凤，鲍俊芳. 冷轧含油废水处理技术研究进展 [J]. 武钢技术，2009，47 (5)：7~10.

[89] Cao H, Zhao H, Zhang D, et al. Whole-process pollution control for cost-effective and cleaner chemical production-A case study of the tungsten industry in China [J]. Engineering, 2019, 5：768~776.

[90] Gao W, Sun Z, Cao H, et al. Economic evaluation of typical metal production process：A case study of vanadium oxide production in China [J]. Journal of Cleaner Production, 2020, 256：120~217.

[91] 张笛，曹宏斌，赵月红，等. 工业含氨污染处理技术的经济价值分析 [J]. 中国环境科学，2021，41 (3)：1474~1479.

[92] 张天柱，石磊，贾小平. 清洁生产导论 [M]. 北京：高等教育出版社，2006.

[93] 张凯，崔兆杰. 清洁生产理论与方法 [M]. 北京：科学出版社，2005.

[94] 史丹. "十四五"时期中国工业发展战略研究 [J]. 中国工业经济，2020 (2)：5~27.

[95] 段宁. 清洁生产、生态工业和循环经济 [J]. 环境科学研究，2001，6 (14)：1~4.

[96] UNEP. Cleaner production worldwide, volume Ⅱ [M]. Paris：UN Press, 1994：10~40.

[97] 韦鹤平, 徐明德. 环境系统工程 [M]. 北京：化学工业出版社, 2009.

[98] 中国科学院先进制造领域战略研究组. 科学技术与中国的未来：中国至 2050 年先进制造技术发展路线图 [M]. 北京：科学出版社, 2009.

[99] 陈良才, 魏宏斌, 李少林, 等. 石灰软化法处理高硬度含氟地下水的研究 [J]. 中国给水排水, 2007, 23 (13)：49~53.

[100] 张爱丽, 周集体, 童健. 高硬度低碱度深井水药剂软化预处理方法比较 [J]. 工业水处理, 2005, 25 (5)：74~76.

[101] Soleimani M, Kaghazchi T. Adsorption of gold ions from industrial wastewater using activated carbon derived from hard shell of apricot stones：An agricultural waste [J]. Bioresource Technology, 2008, 99 (13)：5374~5383.

[102] 闻光明. 纳滤膜处理中低压锅炉软化水可行性研究 [D]. 北京：北京工业大学, 2000.

[103] Junior O K, Gurgel L V A, Gil L F. Removal of Ca(Ⅱ) and Mg(Ⅱ) from aqueous single metal solutions by mercerized cellulose and mercerized sugarance bagasse grafted with EDTA dianhydride (EDTAD) [J]. Carbohydrate, 2010, 79 (1)：184~191.

[104] Seo S J, Jeon H, Lee J K, et al. Investigation on removal of hardness ions by capacitive deionization (CDI) for water softening applications [J]. Water Research, 2010, 44 (7)：2267~2275.

[105] Comstock S E H, Boyer T H. Combined magnetic ion exchange and cation exchange for removal DOC and hardness [J]. Chemical Engineering Journal, 2014, 241：366~375.

[106] Solmaz Adamaref, Weizhu An, Maria Ophelia Jarligo. Natural clinoptilolite composite membranes on tubular stainless steel supports for water softening [J]. Water Science & Technology, 2017, 70 (8)：1412~1418.

[107] Xia M, Ye C S, Pi K W. Ca removal and Mg recovery from flue gas desulfurization (FGD) wastewater by selective precipition [J]. Water Science & Technology, 2017, 76 (10)：2842~2850.

[108] 王筱留. 钢铁冶金学 (炼铁部分) [M]. 北京：冶金工业出版社, 2019.

[109] 黄希祜. 钢铁冶金原理 [M]. 北京：冶金工业出版社, 2002.

[110] 马小刚, 陈良玉, 李杨. 炉缸冷却壁对流换热系数计算及烘炉传热特性 [J]. 钢铁, 2019, 54 (5)：19~26.

[111] 项钟庸. 高炉设计：炼铁工艺设计理论与实践 [M]. 北京：冶金工业出版社, 2014.

[112] Anil K, Shiv N B, Rituraj C. Computational modeling of blast furnace cooling stave based on heat transfer analysis [J]. Materials Physics and Mechanics, 2012, (15)：46~65.

[113] 李峰光, 张建良. 基于 ANSYS "生死单元" 技术的铜冷却壁挂渣能力计算模型 [J]. 工程科学学报, 2016 (4)：546~554.

[114] Yang C, Nakayama A, Liu W. Heat transfer performance assessment for forced convection in a tube partially filled with a porous medium [J]. International Journal of Thermal Sciences, 2012, 54 (4)：98~108.

[115] Xie N Q, Cheng S S, Xie N Q, et al. Analysis of effect of gas temperature on cooling stave of blast furnace [J]. Journal of Iron and Steel Research International, 2010, 17 (1)：1~6.

[116] Yeh C P, Ho C K, Yang R J. Conjugate heat transfer analysis of copper staves and sensor bars in a blast furnace for various refractory lining thickness [J]. International Communications in Heat and Mass Transfer, 2012, 39 (1)：58~65.

[117] Shi L, Cao F, Zhang J. The study on hot test and thermal stress and distortion of cast copper staves with buried copper pipe [C]. // International Conference on Mechanic Automation & Control Engineering.

IEEE，2011.

[118] Wu T，Cheng S S. Model of forming-accretion on blast furnace copper stave and industrial application [J]. Journal of Iron and Steel Research International，2012，19（7）：1~5.

[119] Jiao K，Zhang J，Liu Z，et al. Cooling efficiency and cooling intensity of cooling staves in blast furnace hearth [J]. Revue De Metallurgicals Reseearch & Technology，2019，116（4）：414.

[120] Zhang H，Jiao K X，Zhang J L，et al. A new method for evaluating cooling capacity of blast furnace cooling stave [J]. Ironmaking & Steelmaking，2019，46（7）：671~681.

[121] 郭光胜，张建良，焦克新，等. 冷却比表面积对高炉炉缸铸铁冷却壁传热的影响研究 [J]. 铸造，2016，65（6）：542~548.

[122] 焦克新，张建良，左海滨，等. 长寿高炉炉缸冷却系统的深入探讨 [J]. 中国冶金，2014（4）：16~21.

[123] 张富民，程树森. 现代高炉长寿技术 [M]. 北京：冶金工业出版社，2012.

[124] Jiao K X，Zhang J L，Liu Z J. Investigation features of water distribution among pipes in BF hearth [J]. Metallurgical Research & Technology，2019，116：121~126.

[125] 王经纶，徐迅，王俊，等. 高炉冷却壁冷却水管设计探讨 [J]. 机电信息，2019，12（9）：58~59.

[126] 刘奇，程树森，牛建平，等. 高炉铜冷却壁水管热应力分析 [J]. 重庆大学学报，2015，38（2）：17~24.

[127] 曹光明，何永全，刘小江，等. 热乳低碳钢卷取后冷却过程中三次氧化铁皮结构转变行为 [J]. 中南大学学报（自然科学版），2014（6）：1790~1796.

[128] 孙彬. 热轧工艺参数和供氧差异对氧化铁皮结构和厚度的影响 [J]. 热加工工艺，2014（15）：27~30.

[129] 叶东东，陈建钧，王忠建. 不同应力状态下带钢的破鳞机理 [J]. 钢铁研究学报，2016，28（1）：64~70.

[130] 张赵宁，张杰，孔宁. 拉矫过程组合参数对带钢酸洗效率的影响 [J]. 机械工程学报，2019（22）：25~29.

[131] 张繁，孙永军，王文刚，等. 马钢冷轧废水处理工艺优化及效果 [J]. 冶金动力，2018（6）：57~59.

[132] 张骏尧，王志伟，梅晓洁. 厌氧动态膜生物反应器处理冷轧平整液废水 [J]. 环境工程学报，2017，11（11）：5884~5891.

[133] 葛高峰. 中钢住友越南合资公司冷轧废水处理工程实例 [J]. 工业水处理，2017，37（2）：102~105.

[134] 叶东东. 拉矫工艺对热轧氧化皮剥离及酸洗效率的影响 [D]. 上海：华东理工大学，2016.

[135] Deng G Y，Zhu Q，Tieu K. Evolution of microstructure，temperature and stress in a high speed steel work roll during hot rolling：experiment and modelling [J]. Journal of Materials Processing Technology，2017，240：200~208.

[136] 张赵宁，孔宁，张杰. Fe-Si 合金钢氧化层的结构对酸洗行为的影响 [J]. 中国冶金，2018，28（9）：28~32.

[137] 曾尚林，曾维龙. 国内外高梯度磁分离技术的发展及应用 [J]. 矿业工程，2009，29（6）：53~55.

[138] Chen F，Smith K A，Hatton T A. A dynamic buildup growth model for magnetic particle accumulation on single wires in high-gradient magnetic separation [J]. Aich. E. Journal，2012，58：2865~2874.

[139] Okada H，Mitsuhashi K，Ohara T，et al. Computational fluid dynamics simulation of high gradient mag-

netic separation [J]. Separation Science and Technology, 2005, 40: 1567~1584.

[140] 王润楠, 张浩, 连丽丽, 等. 新型聚硅酸铝锌-淀粉复合絮凝剂的制备及其表征 [J]. 硅酸盐通报, 2017, 36 (9): 3119~3124.

[141] Chen Luzheng. Effect of magnetic field orientation on high gradient magnetic separation performance [J]. Minerals Engineering, 2011, 24: 88~90.

[142] Sergey N, Podoynitsyn, Olga N, et al. High-gradient magnetic separation using ferromagnetic membrane [J]. Journal of Magnetism and Magnetic Materials, 2016, 397: 51~56.

[143] 和劲松, 祁凡雨, 裴洛伟, 等. 磁场处理对液态水缔合结构影响的综合评价指标 [J]. 农业工程学报, 2014, 30 (21): 293~300.

[144] 王雪枫, 俞静, 黄雪莉. 聚硅酸锌絮凝剂絮凝性能及水中残锌量的研究 [J]. 环境科学与技术, 2014, 37 (9): 145~149.

[145] Baik S K, Ha D W, Ko R K, et al. Magnetic field and gradient analysis around matrix for HGMS [J]. Physica C: Superconductivity, 2010, 470: 1831~1836.

[146] 钱伯章, 李敏. 能源结构随能源需求增长而持续多样化——2018 年世界能源统计年鉴解读 [J]. 中国石油和化工经济分析, 2018 (8): 51~54.

[147] 毕可军, 王瑞, 闫杰栋, 等. 煤化工废水除油技术探讨 [J]. 化肥设计, 2015, 53 (6): 5~8.

[148] 李丹阳. 基于氮气气浮除油与改善煤化工废水生化处理效能研究 [D]. 哈尔滨: 哈尔滨工业大学, 2013.

[149] 陈庆俊. 鲁奇炉气化废水处理工艺突破方向探讨 [J]. 化学工业, 2012, 30 (12): 9~13.

[150] Yang C, Qian Y, Jiang Y, et al. Liquid-liquid equilibria for the quaternary system methyl isobutyl ketone-water-phenol-hydroquinone [J]. Fluid Phase Equilibria, 2007, 258 (1): 73~77.

[151] Yang C F, Yu Q A, Zhang L J, et al. Solvent extraction process development and on-site trial-plant for phenol removal from industrial coal-gasification wastewater [J]. Chemical Engineering Journal, 2006, 117 (2): 179~185.

[152] Feng D, Yu Z, Chen Y, et al. Novel single stripper with side-draw to remove ammonia and sour gas simultaneously for coal-gasification wastewater treatment and the industrial implementation [J]. Industrial & Engineering Chemistry Research, 2009, 48 (12): 5816~5823.

[153] 杨得岭, 宁朋歌, 曹宏斌, 等. 伯胺 N_{1923} 络合萃取苯酚 [J]. 过程工程学报, 2012, 12 (4): 569~575.

[154] 廖明森, 赵月红, 宁朋歌, 等. 基于 MINLP 模型的焦化废水蒸氨塔操作优化 [J]. 过程工程学报, 2014, 14 (1): 125~132.

[155] Acuna-Arguelles M E, Olguin-Lora P, Razo-Flores E. Toxicity and kinetic parameters of the aerobic biodegradation of the phenol and alkylphenols by a mixed culture [J]. Biotechnology Letters, 2003, 25 (7): 559~564.

[156] Ji Q, Tabassum S, Yu G, et al. Determination of biological removal of recalcitrant organic contaminants in coal gasification waste water [J]. Environmental Technology, 2015, 36 (22): 2815~2824.

[157] Xu W, Zhang Y, Cao H, et al. Metagenomic insights into the microbiota profiles and bioaugmentation mechanism of organics removal in coal gasification wastewater in an anaerobic/anoxic/oxic system by methanol [J]. Bioresour Technol, 2018, 264: 106~115.

[158] Liu Z, Xie W, Li D, et al. Biodegradation of phenol by bacteria strain acinetobacter calcoaceticus PA isolated from phenolic wastewater [J]. International Journal of Environmental Research and Public Health, 2016, 13 (3): 300.

[159] Zhang Y X, Zhang Y M, Xiong J, et al. The enhancement of pyridine degradation by Rhodococcus KD-

Py1 in coking wastewater [J]. FEMS Microbiology Letters, 2019, 366 (1): 1~7.

[160] Gui X F, Xu W C, Cao H B, et al. A novel phenol and ammonia recovery process for coal gasification wastewater altering the bacterial community and increasing pollutants removal in anaerobic/anoxic/aerobic system [J]. The Science of the Total Environment, 2019, 661: 203~211.

[161] Sheng H B, Zhang Y X, Cao H B, et al. Metagenomic insights into the microbiota profiles and bioaugmentation mechanism of organics removal in coal gasification wastewater in an anaerobic/anoxic/oxic system by methanol [J]. Bioresource Technology, 2018, 264: 106~115.

[162] Xu W, Zhao Y X, Cao H B, et al. New insights of enhanced anaerobic degradation of refractory pollutants in coking wastewater: role of zero-valent iron in metagenomic functions [J]. Bioresource Technology, 2019, 300: 1226~1267.

[163] 孙梦君. 焦化废水中喹啉降解菌的筛选及其降解性能 [D]. 太原: 太原理工大学, 2012.

[164] 杨文焕, 郝梦影, 董炎, 等. 焦化废水处理中含氮化合物转化与菌群结构关系 [J]. 水处理技术, 2020, 46 (12): 114~118.

[165] 于哲, 韦朝海. 焦化废水生物处理中的苯酚硝化抑制行为探究 [J]. 广东化工, 2016, 43 (11): 179~182.

[166] Hassanshahian M, Boroujeni N A. Enrichment and identification of naphthalene-degrading bacteria from the Persian Gulf [J]. Marine Pollution Bulletin, 2016, 107 (1): 59~65.

[167] 杨超. 焦化废水生物降解过程中有机污染物相互作用及强化技术 [D]. 上海: 上海师范大学, 2019.

[168] 刘建忠, 易红磊, 翟赟, 等. 喹啉高效降解菌株 Alcaligenes sp. WUST-qu 的筛选、鉴定及降解特性 [J]. 西北农业学报, 2019, 28 (3): 452~458.

[169] Pathak U, Mogalapalli P, Mandal D D, et al. Biodegradation efficacy of coke oven wastewater inherent co-cultured novel sp. Alcaligenes faecalis JF339228 and Klebsiella oxytoca KF303807 on phenol and cyanide-kinetic and toxicity analysis [J]. Biomass Conversion and Biorefinery, 2021.

[170] 何媛. 深度处理工艺去除焦化废水中难降解有机物的应用与研究 [J]. 绿色科技, 2020 (2): 87~89.

[171] 赵春辉. A/O/O 法焦化废水处理工艺的生产实践 [J]. 化学工程与装备, 2012 (10): 188~190.

[172] 李宁, 李洪兵. AOO 工艺处理高浓度焦化废水的改进 [J]. 燃料与化工, 2012, 43 (4): 46~47.

[173] 孟晓飞, 侯蓉, 赵赫, 等. 磁性助凝剂资源化制备及强化污染物沉淀分离 [J]. 过程工程学报, 2020, 20 (10): 1166~1173.

[174] 张笛, 曹宏斌, 赵月红, 等. 工业含氨污染处理技术的经济价值分析 [J]. 中国环境科学, 2021, 41 (3): 1474~1479.

[175] Hou R, Zhao H, Cao H, et al. A new indicator of ionic polymeric flocculants for the removal of heavy metals anions: Specific Charge Density (SCD) [J]. Water Environment Research, 2019, 91 (9): 888~897.

[176] 侯蓉, 曹志钦, 赵赫, 等. 混凝污泥的资源化回收及其电化学性能 [J]. 过程工程学报, 2019, 19 (6): 1234~1241.

[177] Zhong C, Zhao H, Cao H, et al. Acidity induced fast transformation of acetaminophen by different MnO_2: kinetics and pathways [J]. Chemical Engineering Journal, 2019, 359: 518~529.

[178] Zhao H, Wang J, Zhang D, et al. Chloro-benquinone modified on graphene oxide as metal-free catalyst: strong promotion of hydroxyl radical and generation of ultra-small graphene oxide [J]. Scientific Reports, 2017, 7, 42643.

[179] Xu W, Long F, Zhao H, et al. Performance prediction of ZVI-based anaerobic digestion reactor using

machine learning algorithms [J]. Waste Management, 2021, 121: 59~66.

[180] Xu W, Zhao H, Cao H, et al. New insights of enhanced anaerobic degradation of refractory pollutants in coking wastewater: role of zero-valent iron in metagenomic functions [J]. Bioresource Technology, 2020, 300: 122667.

[181] Zhao H, Wang J, Fan Z, et al. A facial synthesis of Nitrogen-doped reduced graphene oxide quantum dot and its application in aqueous organics degradation [J]. Green Energy Environ., 2020 https://doi.org/10.1016/j.gee.2020.10.008.

[182] Zhao H, Hu C, Zhang D, et al. Probing coagulation behavior of individual aluminum species for removing corresponding disinfection byproduct precursors: the role of specific ultraviolet absorbance [J]. PLOS One, 2016, 11 (1): e0148020. DOI: 10.1371/journal.pone.0148020.

[183] Zhao H, Qu J, Liu H. Aluminum speciation of coagulants with low concentration: analysis by electrospray ionization mass spectrometry [J]. Colloids Surf. A: Physicochem Engineering Aspects, 2011, 379 (1~3): 43~50.

[184] Zhao H, Liu H, Hu C, et al. Effect of aluminum speciation and structure characterization on preferential removal of disinfection byproduct precursors by aluminum hydroxide coagulation [J]. Environmental science & technology, 2009, 43 (13): 5067~5072.

[185] Zhao H, Liu H, Qu J. Effect of pH on the aluminum salts hydrolysis during coagulation process: formation and decomposition of polymeric aluminum species [J]. J. Colloid Interface Sci., 2009, 330 (1): 105~112.

[186] Zhao H, Hu C, Liu H, et al. Role of aluminum speciation in the removal of disinfection byproduct precursors by a coagulation process [J]. Environ. Sci. & Technol., 2008, 42 (15): 5752~5758.

[187] 钟晨. 锰氧化物催化转化微污染有机物机理研究 [D]. 天津: 天津大学, 2018.

[188] 侯蓉. 金属阴离子污染物的强化絮凝及污泥资源化研究 [D]. 长沙: 长沙理工大学, 2018.

[189] 杜朋辉. 水中新兴有机污染物的聚合偶联机理研究 [D]. 北京: 中国科学院大学, 2018.

[190] 王珏华. 掺氮、还原石墨烯量子点的一步温和制备及其环境催化应用研究 [D]. 北京: 中国科学院大学, 2017.

[191] 沈健. 复配絮凝剂协同去除焦化废水中难降解有机物和氰化物的研究 [D]. 北京: 中国科学院大学, 2013.

[192] Wang Y X, Ren N, Xi J X, et al. Mechanistic investigations of the pyridinic N-Co structures in Co embedded N-Doped carbon nanotubes for catalytic ozonation [J]. ACS ES&T Engineering, 2021, 1 (1), 32~45.

[193] Nawaz F, Cao H B, Xie Y B, et al. Selection of active phase of MnO_2 for catalytic ozonation of 4-nitrophenol [J]. Chemosphere, 2017, 168, 1457~1466.

[194] 王子民, 郑默, 谢勇冰, 等. 基于 ReaxFF 力场的对硝基苯酚臭氧氧化分子动力学模拟 [J]. 物理化学学报, 2017, 33 (7): 1399~1410.

[195] 李孟, 李向阳, 王宏智, 等. 鼓泡塔气液两相流不同曳力模型的数值模拟 [J]. 过程工程学报, 2015, 15 (2): 181~189.

[196] Cao H B, Xing L L, Wu G G, et al. Promoting effect of nitration modification on activated carbon in the catalytic ozonation of oxalic acid [J]. Applied Catalysis B: Environmental, 2014, 146, 169~176.

[197] 吴光国, 谢勇冰, 邢林林, 等. 改性活性炭强化催化臭氧氧化降解草酸 [J]. 过程工程学报, 2012, 12 (4): 684~689.

[198] Tang J W, Zhang C X, Shi X L, et al. Municipal wastewater treatment plants coupled with electrochemical, biological and bio-electrochemical technologies: opportunities and challenge toward energy self-suffi-

ciency [J]. Journal of Environmental Management, 2019, 234 (MAR. 15): 396~403.

[199] Tang J W, Zhang C H, Wang L L, et al. Photo-electrocatalytic degradation of cyclic volatile methyl siloxane by ZnO-coated aluminum anode: optimal parameters, kinetics and reaction pathways [J]. Science of The Total Environment, 2020, 733: 139246.

[200] 刘宗, 唐佳伟, 张春晖, 等. 电絮凝法去除水中微量叔丁醇的研究 [J]. 中国环境科学, 2021, 41 (1): 122~130.

[201] 唐佳伟, 王亮亮, 雷伟香, 等. 纳米 ZnO 修饰铝电极深度去除污水中的甲基硅氧烷 [J]. 环境工程, 2018, 36 (10): 43~47.

[202] Zhang C H, Jiang S, Zhang W W. Adsorptive performance of coal-based magnetic activated carbon for cyclic volatile methylsiloxanes from landfill leachate [J]. Environmental Science and Pollution Research, 2018, 25 (2): 1~8.

[203] 王忠东. 基于浓差电池和微生物燃料电池的组合工艺处理酸洗废液的研究 [D]. 杭州: 浙江大学, 2019.

[204] 阎震. 石灰中和法在不锈钢酸洗废液处理中的优化设计 [J]. 给水排水, 2013, 49 (4): 70~72.

[205] Zhao J X, Zhao Z Y, Shi R M, et al. Issues relevant to recycling of stainless-steel pickling sludge [J]. JOM, 2018, 70 (12): 2825~2836.

[206] Wu M T, Li Y L, Guo Q, et al. Harmless treatment and resource utilization of stainless steel pickling sludge via direct reduction and magnetic separation [J]. Journal of Cleaner Production, 2019, 240.

[207] 苏宗华. 喷雾焙烧废盐酸再生技术的优化设计 [D]. 成都: 西南科技大学, 2018.

[208] 刘志亮, 李戬, 马成, 等. 含高浓度除锈剂的饱和酸洗废液的处理 [J]. 电镀与涂饰, 2018, 37 (1): 23~26.

[209] 蔡澄璐. 离子交换树脂脱除混酸废液中铁离子的研究 [D]. 武汉: 武汉工程大学, 2017.

[210] Gu J T, Gu H H, Zhang Q, et al. Sandwich-structured composite fibrous membranes with tunable porous structure for waterproof, breathable, and oil-water separation applications [J]. Journal of Colloid and Interface Science, 2017, 514.

[211] Ren M, Ping N, Qu G, et al. Concentration and treatment of ceric ammonium nitrate wastewater by integrated electrodialysis-vacuum membrane distillation process [J]. Chemical Engineering Journal, 2018, 351.

[212] 付智娟. 钢铁酸洗废液的资源化处理方法 [J]. 广东化工, 2011, 38 (12): 85~86.

[213] 造纸污泥制备絮凝剂的资源化技术及应用 [D]. 济南: 山东大学, 2014.

[214] 钛盐混凝剂的混凝行为、作用机制、絮体特性和污泥回用研究 [D]. 济南: 山东大学, 2014.

[215] 李峰. 絮凝剂、助凝剂联合强化混凝改善水质的研究 [D]. 天津: 天津大学, 2007.

[216] 邹元龙, 赵锐锐, 石宇, 等. 钢铁工业综合废水处理与回用技术的研究 [J]. 环境工程, 2007 (6): 101~104.

[217] 白洁. 济南钢铁集团综合污水处理及回用系统优化研究 [D]. 济南: 山东建筑大学, 2016.

[218] 李杰. 高密度沉淀池-V 型滤池处理钢厂废水并回用 [J]. 中国给水排水, 2015, 31 (18): 112~115.

[219] 孙秀君. 钢厂综合废水处理回用工程实例 [J]. 水处理技术, 2016, 42 (4): 130~132.

[220] 岳丽芳, 王春慧, 周红星, 等. 钢铁企业综合废水处理及回用工程实例 [J]. 水处理技术, 2019, 45 (3): 133~136.

[221] 王福龙, 姜剑, 罗富金. 钢铁企业综合废水处理与回用工程设计及管理研究 [J]. 给水排水, 2014, 40 (3): 48~51.

[222] 杜传明. 转炉钢渣资源利用的新方法 [J]. 山东冶金, 2012, 34 (2): 51~53.

［223］ 赵青林，周明凯，魏茂. 德国冶金渣及其综合利用情况［J］. 硅酸盐通报，2006（6）：165~171.

［224］ 黄毅，徐国平，杨巍. 不同处理工艺的钢渣理化性质和应用途径对比分析［J］. 矿产综合利用，2014（6）：62~66.

［225］ 赵福才，习晓峰，巨建涛，等. 国内外钢渣处理工艺及资源化技术研究［C］. 2014 年全国冶金能源环保生产技术会. 武汉，2014.

［226］ 田广银，张凌燕. 钢渣热焖技术分析与应用实践［J］. 环境工程，2016，34（12）：126~128.

［227］ 安连志. 钢渣热闷工艺的设计与应用［J］. 金属世界，2015（1）：59~61.

［228］ 黄导，陈丽云，张临峰，等. 推进节能环保技术管理升级促进钢铁工业绿色转型［J］. 钢铁，2015，50（12）：1~10.

［229］ Wang B，Yu H Y，Sun H L，et al. Effect of raw material mixture ratio on leaching and self-disintegrating behavior of calcium aluminate slag［J］. Journal of Northeastern University，2008，29（11）：1593~1596.

［230］ 郝以党，朱桂林，孙树杉. 钢渣稳定化处理及高价值资源化技术及应用［J］. 中国废钢铁，2014（3）：28~32.

［231］ 高康乐，钱雷，王海东，等. 转炉钢渣热闷循环水水质稳定技术研究［J］. 环境工程，2011，29（4）：42~45.

［232］ 牛乐乐，刘征建，张建良，等. 铁矿粉矿物组成对烧结矿冶金性能的影响［J］. 钢铁，2019，54（9）：27~32，38.

［233］ 蒋大军，何木光，甘勤，等. 高碱度条件下 FeO 对烧结矿性能的影响［J］. 中国冶金，2008（11）：14~21.

［234］ 刘东辉，吕庆，孙艳芹，等. 铁矿粉基础特性对烧结性能的影响［J］. 钢铁研究学报，2012（11）：32~37.

［235］ 蒋大军. 中钛型磁铁精矿对烧结性能影响的试验［J］. 钢铁，2018（5）：18~24，67.

［236］ 白凯凯，左海滨，刘桑辉，等. 塞拉利昂高铝矿对烧结矿性能的影响［J］. 烧结球团，2019（3）：1~5.

［237］ 申勇，王永挺，张海民，等. 烧结利用炼钢污泥技术的探讨［J］. 烧结球团，2009，34（2）：30~32.

［238］ 杨广庆，杨文康，李小松，等. 钒钛烧结矿与普通烧结矿还原过程中微观结构变化对比研究［J］. 钢铁钒钛，2018（2）：102~109.

［239］ Lin M U，Xin J，Qiang-Jian G，et al. Effect of hydrogen addition on low temperature，metallurgical property of sinter［J］. Journal of Iron & Steel Research，2012，19（4）：6~10.

［240］ Kumar V，Sairam S D S S，Kumar S，et al. Prediction of iron ore sinter properties using statistical technique［J］. Transactions of the Indian Institute of Metals，2016，70（6）：1~10.

［241］ Wu S L，Que Z G，Li K L. Strengthening granulation behavior of specularite concentrates based on matching of characteristics of iron ores in sintering process［J］. Journal of Iron & Steel Research，2018，25（10）：1017~1025.

［242］ Tanaka H，Harada T. Utilization of high VM coal in the reduction of carbon composite iron ore agglomerates［J］. Tetsu-to-Hagane，2008，94（2）：35~41.

［243］ Yi M，Yu-Tao F，Chong-Da Q，et al. Effect of municipal solid waste incineration fly ash addition on property of iron ore sinter［J］. Journal of Iron & Steel Research，2017，29（8）：610~615.

［244］ Gao P，Han Y X，Li Y J，et al. Evaluation on deep reduction of iron ore based on digital image processing techniques［J］. Journal of Northeastern University，2012，33（1）：133~136.

[245] 伍成波, 尹国亮, 程小利. 改善低硅烧结矿低温还原粉化性能的研究 [J]. 钢铁, 2010, 45 (4): 16~19, 55.

[246] 程小利. 改善低硅烧结矿低温还原粉化性能的研究 [D]. 重庆: 重庆大学, 2009.

[247] Li Y J, Shi S Y, Cao H B, et al. Robust antifouling anion exchange membranes modified by graphene oxide (GO) -enhanced Co-deposition of tannic acid and polyethyleneimine [J]. Journal of Membrane Science, 2021, 625, 119111.

[248] Cao R Q, Shi S Y, Li Y J, et al. The properties and antifouling performance of anion exchange membranes modified by polydopamine and poly (sodium 4-styrenesulfonate) [J]. Colloids and Surfaces A, 2020, 589, 124429.

[249] Li Y J, Shi S Y, Cao H B, et al. Anion exchange nanocomposite membranes modified with graphene oxide and polydopamine: interfacial structure and antifouling applications [J]. ACS Applied Nano Materials, 2020, 3 (1): 588~596.

[250] 曹仁强, 冯占立, 李玉娇, 等. 阴离子交换膜改性及抗污染性能研究进展 [J]. 过程工程学报, 2019, 19 (3): 473~482.

[251] 刘璐, 赵志娟, 李雅, 等. 辛酸对电渗析异相阴离子交换膜污染特性的研究 [J]. 膜科学与技术, 2016, 36 (1): 55~60.

[252] 赵志娟. 电渗析阴离子交换膜污染机理及抗污染表面改性研究 [D]. 北京: 中国科学院大学 (中国科学院过程工程研究所), 2019.

[253] 刘璐. 煤化工含盐废水电渗析膜污染研究 [D]. 北京: 中国科学院大学 (中国科学院过程工程研究所), 2015.

[254] 石绍渊, 曹宏斌, 李玉平, 等. 用于电渗析处理煤化工含盐废水的膜污染防治方法: 中国, 201410246744. 1 [P]. 2016-01-20.

[255] 石绍渊, 曹宏斌, 李玉平, 等. 基于多级逆流倒极电渗析处理煤化工含盐废水的方法: 中国, 201410246909. 5 [P]. 2015-09-30.

[256] Zhang K L, Zhao Y H, Cao H B, et al. Multi-scale water network optimization considering simultaneous intra- and inter-plant integration in steel industry [J]. Journal of Cleaner Production, 2018, 176: 663~675.

[257] Zhang K L, Zhao Y H, Cao H B, et al. Optimization of the water network with single and double outlet treatment units [J]. Industrial & Engineering Chemistry Research, 2017, 56: 2865~2871.

[258] Zhang K L, Malone S M, Weissburg M, et al. Ecologically inspired water network optimization of steel manufacture using constructed wetlands as wastewater treatment process [J]. Engineering, 2018, 4 (4): 567~573.

[259] 张凯莉. 典型钢铁工业园水网络优化 [D]. 北京: 中国科学院大学, 2018.

[260] Lim S R, Park J M. Interfactory and intrafactory water network system to remodel a conventional industrial park to a green eco-industrial park [J]. Industrial & Engineering Chemistry Research. 2010, 49: 1351~1358.

[261] 武建国, 程继军. 钢铁企业水系统优化探讨 [J]. 冶金设备, 2018, 241: 76~80.

[262] Cao H B, Zhao H, Zhang D, et al. Whole-process pollution control for cost-effective and cleaner chemical production—a case study of the tungsten industry in China [J]. Engineering, 2019, 5: 768~776.

[263] Wang Y P, Smith R. Wastewater minimization [J]. Chemical Engineering Science, 1994, 49: 981~1006.

[264] Castro E I, Ortega J M, González M, et al. Optimal reconfiguration of multi-plant water networks into an

eco-industrial park [J]. Computers & Chemical Engineering, 2012, 44：58~83.

[265] Wang C, Wang R, Hertwich E, et al. A technology-based analysis of the water-energy-emission nexus of China's steel industry [J]. Resources, Conservation & Recycling, 2017, 124：116~128.

[266] Gao C, Gao W, Song K, et al. Comprehensive evaluation on energy-water saving effects in iron and steel industry [J]. Science of the Total Environment, 2019, 670：346~360.

[267] Mariano M, Thomas A. Chanllenges and future directions for process and product synthesis and design [J]. Computers and Chemical Engineering, 2019, 128：421~436.

[268] 陈小华. 一种新型荧光示踪剂的合成及其研究 [D]. 南京：南京工业大学, 2002.

[269] 张莹. 火电厂水平衡与节水优化软件设计 [D]. 保定：华北电力大学, 2003.

[270] 舒小宁. 基于循环利用的钢铁企业水资源成本计算研究 [D]. 长沙：中南大学, 2010.

[271] 包胜. 水平衡优化新算法及通用平台建设 [D]. 马鞍山：安徽工业大学, 2011.

[272] 杨斌. SCIES 支撑平台及数据采集分析关键技术研究 [D]. 长沙：中南大学, 2009.

[273] 郭广丰, 邬海燕. 包钢炼钢厂检化验数据采集系统的设计与开发 [J]. 现代计算机（专业版）, 2015 (7)：60~64.

[274] 王岩. 济钢质检中心实验室管理系统的研究与应用 [D]. 济南：山东大学, 2015.

[275] 吕子强, 蔡九菊, 谢国威, 等. 钢铁企业水系统网络信息平台方案研究 [C]//第八届全国能源与热工学术年会. 大连, 2015.

[276] 韩香玉, 张丽娜, 刘亮. 钢铁企业能源管控信息系统技术框架研究 [J]. 资源节约与环保, 2013 (2)：17~20.

[277] 张凌峰. 工业循环冷却水智能辅助分析平台的关键技术研究 [D]. 天津：天津理工大学, 2012.

[278] 胡艳珍. 工业循环冷却水系统腐蚀结垢预测研究 [D]. 天津：天津理工大学, 2018.

[279] 齐贺. 石化行业水资源利用网络的优化研究 [D]. 上海：同济大学, 2008.

[280] 高中文, 闫庆贺, 赵艳微, 等. 炼化企业水平衡测试及系统节水优化技术研究与应用 [C]//第三届全国石油与化工节能节水技术交流会暨化工节水与膜应用研讨会. 大连, 2011.

[281] 李肇杰. 燃煤电厂水平衡管理系统设计优化与应用 [D]. 重庆：重庆理工大学, 2014.